数据要素五论

信息、权属、价值、安全、交易

张平文 邱泽奇◎编著

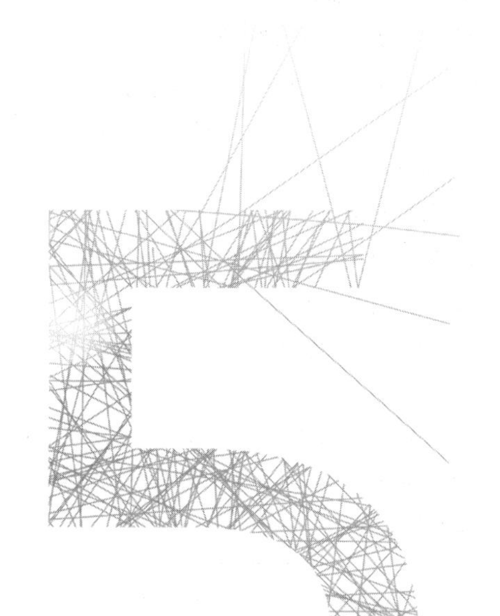

图书在版编目(CIP)数据

数据要素五论：信息、权属、价值、安全、交易/张平文，邱泽奇编著.—北京：北京大学出版社，2022.9

ISBN 978-7-301-33219-1

Ⅰ.①数… Ⅱ.①张… ②邱… Ⅲ.①数据管理—研究 Ⅳ.①TP274

中国版本图书馆CIP数据核字(2022)第138132号

书　　名 数据要素五论：信息、权属、价值、安全、交易
SHUJU YAOSU WULUN：XINXI、QUANSHU、JIAZHI、ANQUAN、JIAOYI

著作责任者 张平文　邱泽奇　编著

责任编辑 武　岳

标准书号 ISBN 978-7-301-33219-1

出版发行 北京大学出版社

地　　址 北京市海淀区成府路205号　100871

网　　址 http://www.pup.cn

新浪微博 @北京大学出版社　　@未名社科-北大图书

微信公众号 ss_book

电子邮箱 编辑部 ss@pup.cn　　总编室 zpup@pup.cn

电　　话 邮购部 010-62752015　发行部 010-62750672
编辑部 010-62753121

印 刷 者 大厂回族自治县彩虹印刷有限公司

经 销 者 新华书店

650毫米×980毫米　16开本　18.75印张　200千字
2022年9月第1版　2024年6月第8次印刷

定　　价 72.00元

未经许可，不得以任何方式复制或抄袭本书之部分或全部内容。

版权所有，侵权必究

举报电话：010-62752024　电子信箱：fd@pup.pku.edu.cn

图书如有印装质量问题，请与出版部联系，电话：010-62756370

目 录

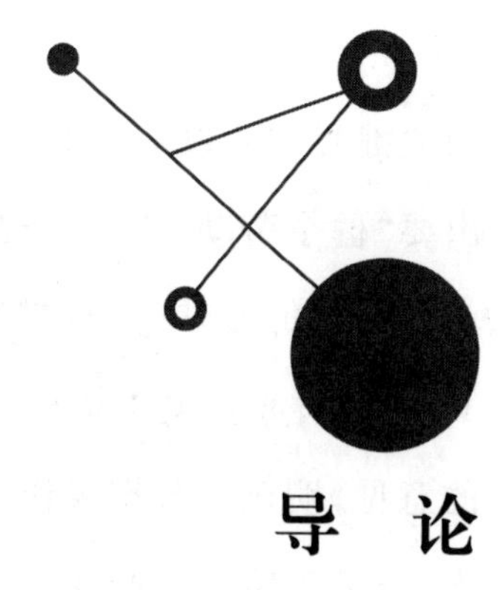

导 论

一、数据要素：认识数字时代的入手点

随着数字技术的迅猛发展与数字应用的广泛普及，人类社会积累的数据种类、规模及其经济、社会和政治价值的挖掘与应用，正以前所未有的方式加速扩张，数据已从单纯作为事实或信息的载体，转变为数字时代的资源和资产[①]，甚至被定义为生产要素[②]。

在顶层设计方面，国家高度重视数据资源，并在政策领域逐步明晰数据作为生产要素的战略地位。2017 年 12 月，习近平总书记在中共中央政治局第二次集体学习时强调，要构建以数据

---

① 白永秀，李嘉雯，王泽润.数据要素：特征、作用机理与高质量发展[J].电子政务，2022，6：23-36.

② 中共中央 国务院关于构建更加完善的要素市场化配置体制机制的意见[EB/OL].(2020-03-30)[2022-06-18].http://www.mofcom.gov.cn/article/b/g/202005/20200502967296.shtml.

为关键要素的数字经济。2019 年 10 月，党的十九届四中全会提出要“健全劳动、资本、土地、知识、技术、管理、数据等生产要素由市场评价贡献、按贡献决定报酬的机制”。2020 年 3 月，《中共中央 国务院关于构建更加完善的要素市场化配置体制机制的意见》明确将数据视作一种新型生产要素，与土地、劳动力、资本、技术等传统生产要素并列，提出要加快培育数据要素市场，为进一步发挥数据作为生产要素的作用指明了方向。2021 年 3 月，中央在“十四五”规划中明确强调，迎接数字时代，激活数据要素潜能，推进网络强国建设，建立健全数据要素市场规则，统筹数据开发利用、隐私保护和公共安全，培育规范的数据交易平台和市场主体。

在实践层面上，数据已成为日益重要的经济资源和生产资料，数据的生产和开放利用、数据相关技术及产业创新已成为全球经济发展的重要驱动力。[①]《世界互联网发展报告 2021》指出，数字经济成为世界各国应对新冠肺炎疫情冲击、加快经济社会转型的重要选择，各国围绕数字化发展而进行的新型信息基础设施建设成为全球经济增长的新动能。根据中国信息通信研究院发布的《中国数字经济发展报告（2022 年）》，数字产业化与产业数字化“双轮”驱动中国经济发展，2021 年中国数字经济规模达到 45.5 万亿元，占 GDP 比重高达 39.8%，成为稳定经济增长和促进发展的关键动力。作为新型生产要素，数据正驱动着

① 李政，周希禛.数据作为生产要素参与分配的政治经济学分析[J].学习与探索，2020，1：109-115.

中国和世界主要经济体生产方式和经济形态的变革,推动着社会变革和制度变迁。在上述背景下,正确理解数据要素俨然成为理解数字时代的入手点。或许正因为如此,与之相关的各类探讨也不胜枚举。为此,我们认为有必要在纷繁的研究与讨论中,梳理出一条由发展背景到关键要素识别,再到明晰关键要素特性分析的研究主线。

(一)人类社会的数字化进程

伴随人类社会数字化的进程,数据要素对人类社会的影响日益凸显。总体而言,人类社会的数字化发展呈现出由缓及速,由硬件设备到互联网软件再到软硬件互动与迭代演进,从数字技术的生产性应用到数字技术广泛渗透于生活的特点。进入21世纪以来,人类社会的数字化进程明显加快,渗透和应用于各领域的数字技术快速迭代,世界主要大国已经进入数字社会飞速发展的初期或中期阶段。

20世纪40—90年代初期是数字化发展的初始时期。早期的数字技术创新和应用局限于机构性的组织,通过影响组织的生产或服务效率而影响社会,尚未形成对社会的直接影响,也没有影响广泛的数字产品。1946年,世界上第一台通用电子计算机"ENIAC"在美国诞生。1969年,被用于美国军事领域的阿帕网(ARPANET)的正式启用标志着互联网的诞生,其最初仅连接了四台计算机主机。从20世纪60年代起,计算机的商业应用逐步出现,不过,主流应用仍然集中在军事和科研领域。1981

年，采用 Intel 8088 处理器的 IBM 5150 计算机问世，它是第一台具有实用价值的个人计算机。1989 年，英国科学家蒂姆·伯纳斯-李（Tim Berners-Lee）撰写了第一个基于互联网的超文本系统提案——《关于信息管理的建议》，这被认为是万维网（World Wide Web）诞生的标志。

计算机只是数字社会发展的必要条件，其充分条件是互联网络。直到 20 世纪 90 年代，才出现了互联网向社会扩散的第一个充分条件，即网页浏览器的发明。[①] 1993 年，图形界面万花筒（Mosaic）浏览器的出现为互联网络的社会化应用提供了非技术人员可以使用的工具。不过，彼时的浏览器还只是一个单机工具。由于网络连接还只限于机构之间，纵使万花筒可以在联网计算机上使用，也没有机会为一般社会成员所用。直至 1994 年，互联网接入服务的出现才为数字社会的发展集齐了基本条件，即终端（计算机）、网络（计算机网络）和浏览器（网络人机界面）等三驾马车，让一般社会成员有了运用数字技术实现互联互通的机会。1998 年，拉里·佩奇（Larry Page）和谢尔盖·布林（Sergey Brin）共同创建了谷歌公司，将互联网三驾马车引向商业应用，互联网的社会化应用正式起航。

随后，世界互联网公司的数量与规模不断拓展，在市值排名世界前十的公司中：1990 年有 6 家银行，1 家通信硬件公司；2000 年有 7 家通信硬件公司，1 家互联网公司；2010 年有 4 家能

---

① 邱泽奇.数字社会与计算社会学的演进[J].江苏社会科学，2022，1：74-83.

源公司,2 家互联网公司,2 家银行;2020 年有 7 家互联网公司,2 家金融公司。过去几十年,主导力量的转换显示了数字社会发展的线索。那就是,在 21 世纪之前,数字社会处于萌芽期。进入 21 世纪,先是网络基础设施的发展,接着是终端设施设备的发展,然后是数字社会的真正来临。一个直接指标是,2021 年脸书系社交应用总月度活跃的用户数达到 34.5 亿,占世界总人口的 43.7%,早已迈过了数字技术扩散的拐点,这意味着数字技术真正进入了人们的日常生产和生活。①

将视野拉回中国,中国科学院高能物理研究所于 1993 年开通了与美国西海岸的第一条专线,标志着中国正式接入互联网世界。1997 年,北京瀛海威有限公司提供互联网接入服务,标志着互联网在中国开始社会化应用,数字社会正式进入其发展轨道。② 1997—1998 年,网易、搜狐、腾讯、新浪等四家数字技术公司创办成立;1999 年,阿里巴巴开启了电商时代;2003 年,腾讯创建 QQ 游戏,之后风靡全国。中国在数字化的前期阶段,发展明显缓于美国。萌芽期的初创企业模仿国外成功的商业模式的现象极为普遍,技术创新尚未得到足够重视,流量争夺和用户积累是竞争的核心内容。③

2003—2012 年,是中国逐渐开启平台应用与社交媒体向大

---

① 邱泽奇.社会学基本问题与时代回应[N].中国社会科学报,2021-12-07(1);邱泽奇.数字社会与计算社会学的演进[J].江苏社会科学,2022,1:74-83.

② 邱泽奇.数字社会与计算社会学的演进[J].江苏社会科学,2022,1:74-83.

③ 胡雯.中国数字经济发展回顾与展望[J].网信军民融合,2018,6:18-22.

众生活广泛渗透的数字化发展时代。2003年上半年，阿里巴巴推出个人电子商务网站“淘宝网”；下半年，淘宝网首次推出支付宝服务。2005年，新浪博客正式上线，个人有了展示自己的公开平台。2007年，国家发展和改革委员会、国务院信息化工作办公室联合发布《电子商务发展“十一五”规划》，将电子商务服务业确定为国家重要的新兴产业。2012年底，中国手机上网用户规模达到4.2亿人，手机首次超过台式电脑成为上网第一终端，中国数字社会的发展进入移动互联网新阶段。2013年，中国的数字化发展进入起飞阶段。[①] 同年，工业和信息化部正式向三大电信运营商——中国移动、中国电信、中国联通颁发4G经营许可，标志着中国4G时代的到来。4G网络速度比拨号上网快2000倍，也因此标志着中国进入高速网络时代。2014年，中共中央、国务院印发《国家新型城镇化规划（2014—2020年）》，将智慧城市作为城市发展的新模式。2016年的《政府工作报告》中首次提出“互联网+政务服务”的概念，数字政务正式进入人们的日常生活。2017年，中国网上零售额接近7.2万亿元。2018年，中国大数据领域专利公开量约占全球的40%，位居世界第二。2019年，中国5G商用牌照正式发放，5G成为数字社会经济发展的重要技术支持力量。

目前，世界各国正以技术创新和应用场景拓展的方式推进数字化发展，中国与世界主要国家的数字化进程也在加速。从

① 邱泽奇，乔天宇．电商技术变革与农户共同发展［J］．中国社会科学，2021，10：145-166.

全球数字化发展格局来看,中美是数字世界奋进中的两极,美国侧重技术创新,甚至以技术垄断方式维护其创新优势;中国则主要关注技术应用,凭借巨大的内部市场规模而寻得规模优势。而欧洲一方面享受着中美两国数字技术创新和应用的溢出效应,另一方面也试图通过数据权益保护和数字税,寻求创新与应用之外的第三极。[①] 可见,人类社会的数字化进程不仅仅局限在技术、商业、治理领域,更对国际格局发挥着重要影响。

(二) 数字化给生产和生活带来根本影响

数字化对人类社会产生的影响广泛且深远。一方面,数字化带来数字技术推广和使用的普遍化。人类的经济和社会生活已难以脱离数据而有效运行,空前普遍和频繁的数字生产、使用和数字红利分配,已成为经济社会运转的基础。[②] 数字技术正在以新理念、新业态、新模式全面融入人类经济、政治、文化、社会、生态文明建设各领域和全过程,给人类生产、生活带来广泛而深刻的影响。以数字技术为基座的互联网,既促进交流,让人类社会成为一个高度互联的整体,同时也在重塑制度、催生变革,甚至影响着社会思潮和人类文明进程。数字化发展使得数据被不断生产、挖掘和多向利用,改变了人们的生产、生活与消费模式,

---

① 邱泽奇.算法治理的技术迷思与行动选择[J].人民论坛·学术前沿,2022,10:29-43.

② 魏钦恭.数字时代的社会治理:从多元异质到协同共生[J].中央民族大学学报(哲学社会科学版),2022,49(2):77-87.

对经济发展、社会生活和国家治理都起着越来越重要的作用。数据的广泛运用已成为不可逆转的时代趋势，数据也因此成为具有战略资源意义的生产要素。

另一方面，数字化给社会秩序与市场主体间的关系带来影响。数据足迹[①]成为社会结构和过程的一个环节，塑造和重塑着社会秩序和关系。如，数字化发展带来的社会的个体化与经济的平台化，正对人们的生产和生活产生根本性影响。首先，数字技术的社会化应用促使个体更加独立，与工业时代相比，数字时代的个体不仅仅有在地化场景的社会关系，更有网络化场景的社会关系，且在地化场景与网络化场景交融，深刻改变了“以人为媒”的关系缔结方式，加剧了个体化；其次，数据发展带来经济的平台化，使得经济的发展越来越依靠大型数字平台。在个体化与平台化之间，个体对于平台的依赖程度日益加深，人与社会的关系也随之向“以数为媒”的方向演变。伴随个体化与平台化，个人为了获得对平台的使用权，需要在一定程度上出让自己的个人信息，也使得人们以较为“透明”的状态生存于数字社会之中。数字技术在生产和生活领域的广泛应用不断塑造和重塑着社会秩序和关系，其中，数据作为刻画人与人、人与物、物与物之间关系的要素，其基础特性有待深入挖掘与探索。

数字化与技术进步在为社会带来发展和福祉的同时，也携带着多重风险和挑战。2016 年，习近平总书记在网络安全和信

① Golder S A, Macy M W. Digital footprints: opportunities and challenges for online social research[J]. Annual review of sociology, 2014, 40(1): 129-152.

息化工作座谈会上指出:“古往今来,很多技术都是‘双刃剑’,一方面可以造福社会、造福人民,另一方面也可以被一些人用来损害社会公共利益和民众利益。”以5G、人工智能、区块链、大数据等数字技术为代表的新一轮科技革命和产业变革加速推进,成为推动经济社会发展的主要动能。[①] 与此同时,数字技术的广泛应用也深刻地影响着人们的行为和思考方式,以及价值观念和道德观念,潜藏着难以预料的风险。譬如,个人数据流通带来的隐私泄露风险,应用算法推荐技术加剧的“信息茧房”效应,在使用人工智能技术中存在的潜在伦理挑战等。但是,回顾历史,人类驾驭风险、善用技术的能力也在逐步提高。[②] 故而,面对数字化对生产和生活的不断渗透,唯有了解数字时代最为核心的资源——数据,才能更好地理解和把握数字时代的发展特征与机遇。

(三)数据成为生产要素的历史进程与时代意义

数据并非一开始就是生产要素,数据要素的重要性是随着数字化的发展,尤其是数字化对生产和生活的渗透而不断强化的。生产要素是一个历史范畴。随着经济社会的发展,生产要素处在不断的分离变化之中,新制度学派的领袖人物约翰·加

① 中国网络空间研究院.加强数字化发展治理 推进数字中国建设[EB/OL].(2022-03-23)[2022-06-14].http://www.gov.cn/xinwen/2022-03/23/content_5680843.htm.

② 史蒂芬·平克.当下的启蒙:为理性、科学、人文主义和进步辩护[M].侯新智,欧阳明亮,魏薇,译.杭州:浙江人民出版社,2019.

尔布雷思(John K. Galbraith)曾经指出,在社会发展的每个阶段都有一种生产要素是最重要和最难替代的。[①] 伴随社会生产方式的变革,一些过去只起依附作用的生产要素,如今可能上升为具有决定性影响的关键生产要素;而另一些过去的关键生产要素,其重要性有可能降低。在农业社会,之所以将土地和劳动力视作最主要的生产要素,是因为农业的劳动对象是土地上生长的农作物,农耕活动围绕土地展开且需要大量的人力投入;在工业社会,之所以视资本为关键要素,是由于大规模、标准化生产活动围绕资本要素展开,资本要素将土地、技术等其他生产要素结合在一起,在一定程度上发挥了汇聚和关联其他要素的功能,如技术在一定程度上发挥了解放人的体力、提高劳动生产率的功能。

伴随数字化进程的加速及其对人类生产生活的广泛渗透,数据的影响日益凸显。诚然,数据并非一个新要素,其成为生产要素的历史过程也极为漫长,从上古时代的"结绳记事",到文字发明后的"文以载道",再到近现代科学的"数据建模",数据一直伴随着人类社会的发展变迁。直到互联网开始商用,伴随人类数据规模的急剧扩大,人类掌握数据和处理数据的能力有了质的跃升,从海量数据中挖掘数据信息价值来解放人的脑力并

---

① 闫德利.数据何以成为新的生产要素[EB/OL].(2020-05-13)[2022-06-27]. http://tisi.org/14408.

激发人的创造力才成为有价值的生产活动,数据才成为生产要素。[①]

一方面,数字技术催生出与数据息息相关的新经济业态和新发展模式;另一方面,数据的泛在性和多业态融合使其对生产各领域具备强渗透性,改变了传统要素的配置关系,提高了传统要素的利用效率。数据要素因其对其他生产要素的整合力而成为这个时代最重要的和最难替代的生产要素,也是最值得讨论的时代性议题。[②] 其中,对数据要素特性的探讨既有利于丰富我们对数据要素的认知,也能够澄清发展与治理迷思,因此,成为我们理解数字时代的有效入手点。

二、数据要素的几个重要议题

数据作为生产要素,毫无疑问是数字时代最重要的经济资源。不同于土地、劳动力、资本、技术等传统生产要素,数据来源复杂,种类繁多,对其他生产要素具有极高的渗透性,尤其是在经济层面上具有外部性、规模性、准公共物品性等特征。[③] 在本书编著之前,已有不少学者从数据特征出发,对数据的生产

---

① 闫德利.数据何以成为新的生产要素[EB/OL].(2020-05-13)[2022-06-27].http://tisi.org/14408.

② 戴双兴.数据要素:主要特征、推动效应及发展路径[J].马克思主义与现实,2020,6:171-177.

③ 白永秀,李嘉雯,王泽润.数据要素:特征、作用机理与高质量发展[J].电子政务,2022,6:23-36.

要素特征进行了探讨。[①] 我们认为，数据要素的可复制性（Reproducibility）、非竞争性（Non-rival）和排他性与非排他性（Exclusive & Non-exclusive）并存等是其区别于传统生产要素的典型特征。

可复制性是数据区别于传统生产要素最基本的物理属性。随着一系列数据复制技术和数据存储、传输技术的发展，数据可轻松复制，这使得拷贝数据的边际成本几乎为零，并由此引出数据的第二重属性即非竞争性。非竞争性意味着一方对数据的使用或消费并不影响数据的物理属性，进而也不影响其他使用者的使用，这意味着同样的数据可多次出售和重复使用。可复制性和非竞争性并存，使得数据基于更广泛的开放共享和重复利用而具备非排他性占有特征，这还意味着，数据并非传统意义上的公共物品，数据的生产与加工也并非自然过程，而是人类有目的活动的过程，也因此意味着数据同样具有首属性。数据首属者有机会占有数据并建立占有的排他性，进而使数据依然具有潜在排他性。

潜在排他性的显性化主要来自：第一，数据的可复制性掩盖了数据价值的竞争性而呈现为非竞争性，将数据视为流入市场的物品，形成了数据的无限供给假象，进而压低了数据交易价

---

① 李卫东.数据要素参与分配需要处理好哪些关键问题[J].国家治理，2020，16：46-48；王谦，付晓东.数据要素赋能经济增长机制探究[J].上海经济研究，2021，4：55-66；蔡跃洲，马文君.数据要素对高质量发展影响与数据流动制约[J].数量经济技术经济研究，2021，38(3)：64-83.

格,同时给数据价值的挖掘带来巨大的不确定性,不利于数据增值,进而让数据持有方尤其是企业存在囤积数据的动因。第二,数据的非排他性复制会提升数据泄露风险,增加数据持有者维护数据安全的责任和成本。第三,数据价值挖掘的非一次性让任何数据持有者担心对数据价值的榨取不尽,进而都有动机占有数据而非分享数据。

数据的以上几个基本特征引申出了几个问题:一是上述特征从何而来,有无对数据更为本质性的探索以支撑我们全面地理解数据要素?二是在数据价值的部分排他性中,如何界定“他”的所指?三是数据的可复制性和非竞争性特性自然而然地使得数据积累的规模能快速增长,数据使用的范围能迅速扩大,这种规模与范围的递增效应如何带来收益的增加,进而促进经济增长?四是在数据使用和共享中,不免存在数据泄漏的安全隐患,对数据安全的重视与监管会带来哪些积极影响,又是否会限制数据的交易与价值增益?五是能否通过数据交易实现数据价值的最大化并推动数据权益归属的确定?以数据特征为起点,我们认为有关数据要素的五个重要议题——信息、权属、价值、安全和交易,可以帮助我们尝试回答以上问题,也更有利于将数据要素置于具体场景与环境中进行综合讨论。

(一) 数据信息

明确数据的内涵与定义是理解数据要素的基础。数据作为知识与信息的载体,引导人类斩获新知。作为一种对过往及当下的记录，对数据的运用有利于提升人类的认知能力，使人们能够更好地理解、控制与预测客观世界。信息学、数据科学、语义学、哲学等多学科都对其概念进行了充分讨论，特别是对数据和信息的关系予以高度关注，这使数据信息拥有极为丰富的内涵。在常见的 DIKW 层次结构模型中，数据(Data)被视为一系列原始素材和原始资料，经由处理后形成有逻辑的信息(Information)，人们通过组织化的信息分析出原因和机制，形成知识(Knowledge)，再通过不断地应用与验证，逐渐形成智慧(Wisdom)，并由此达成预测未来的可能。[①]

伴随数字社会的发展，人类社会的信息量迅速增加，更多的信息以数字化的形式被储存，进而便于分析、传输与合并，人们生产生活中的信息被以数字化的形式获取并被储存下来，由此形成了具备大量(Volume)、多样(Variety)、高速(Velocity)、真实性(Veracity)和价值(Value)等“5V”特征的大数据。[②] 正是由于数据规模的迅速增长、数据对社会诸场景的深度介入，以及人们应用数据、处理数据，对数据进行信息转化、知识转化的能力的提升，使得数据成为当下最重要的生产要素。同时，基于数据信息所具备的载体依附性特征，其具有可存储、可传递、可转换等特点，构成了后续讨论数据价值与数据交易等的原因；其具备的

---

① Rowley J.The wisdom hierarchy：representations of the DIKW hierarchy[J].Journal of information science，2007，33(2)：163-180.

② 马修·萨尔加尼克.计算社会学：数据时代的社会研究[M].赵红梅，赵婷，译.北京：中信出版社，2019.

共享性特征，使其不会因为被别人获取而发生损耗，进而形成后续讨论数据确权困境的前提。[①]

（二）数据权属

数据确权是释放数据要素价值、赋能经济高质量增长和构建有效数据要素市场的重要前提和基础。[②] 确权是围绕产权的社会行动。产权意味着主体对客体具备占有、控制、处置与收益等权利。[③] 当数据上升为生产要素，数据确权便与要素配置直接相关，要素配置又与财富分配息息相关，进而，对数据权属的共识会影响社会整体的平等性，数据权属也因此成为当下最为重要的争议性话题。

与其他生产要素不同，数据要素流通场景复杂，权益主体众多，各主体之间的利益分配复杂，[④]因此，对数据权属的界定面临多个难题。第一，数据的产生与应用伴随着多主体的参与，对多元参与主体的权属的确认充满挑战。第二，数字权属不同于过往的物质和知识等物理产权属性，如果说物理产权具有独占性，那么与之相反的是，数据则呈现出越分享数据价值就越高的特

---

① 肯尼思·J.阿罗.信息经济学[M].何宝玉，等译.北京：北京经济学院出版社，1989.

② 唐要家.数据产权的经济分析[J].社会科学辑刊，2021，1：98-106.

③ R.科斯，A.阿尔钦，D.诺斯，等.财产权利与制度变迁：产权学派与新制度学派译文集[M].刘守英，等译.上海：上海人民出版社，1994.

④ 中国信息通信研究院政策与经济研究所，中国网络空间研究院信息化研究所，北京市金杜律师事务所.数据治理研究报告：数据要素权益配置路径（2022年）[R/OL].（2022-07-19）[2022-07-24].https://dsj.guizhou.gov.cn/xwzx/gnyw/202207/t20220719_75582379.html.

征。第三，数据易于复制和传播，且不受地域和场景限制。数据的可复制性和传播性会导致数据主体的识别变得困难，进而给数据权属界定带来挑战。第四，物理产权属性强调对产权的独占权，而数据产权属性则强调对产权的使用，这使得数据权属的界定依赖于场景。数据权属的界定与数字时代密切相关，如多主体参与、共享性提升、权属类型的精细化分类等，或许正因为如此，数据权属的界定才变成一个更加基础性的问题，以至于成为理解数字时代的基点。

从理论逻辑上来讲，在工业社会的发展中，新制度主义经济学派代表人物罗纳德·科斯指出，在产权明确且交易成本为零或者很小时，无论初始产权赋予谁，市场均衡的最终结果都是有效率的，能够实现资源配置的帕累托最优，而没有产权的社会是一个效率绝对低下、资源配置绝对无效的社会，产权应该具有明确性、专有性、可转让性、可操作性等特征。[①] 在后续研究中，产权也通常与行为约束、资源稀缺、竞争等概念相连，彼时的生产资料对应的资源往往是稀缺的，而在资源稀缺环境中，我们不得不承认主体之间的竞争关系[②]，因此，竞争性是既有产权理论的基本特性。在传统产权理论中，权属的界定基础与如今的数据特性存在矛盾。在数据丰盈的环境中，如果照搬过往的产权界

① Coase R H. The problem of social cost[J]. The journal of law and economics, 2013, 56(4):837-877; Coase R. The new institutional economics[J]. The American economic review, 1998, 88(2):72-74.

② Alchian A A. Some economics of property rights[J]. Politico, 1965, 30(4):816-829.

定方式,赋予产权方绝对的排他性或专有性,便会让数据价值仅惠及有限的占有者,排除更多人使用数据,进而不利于充分挖掘数据的价值,也大大削弱了利用数据要素推动经济增长的可能性。

在现实实践中,各国大力发展数字经济的当下,数据是促进数字经济的基础资源。数字经济领域和范围的拓展、新技术与新商业模式的创新与应用都依赖于数据资源。谁拥有数据、谁可以运用数据,以及数据如何赋权和确权,这些都需要在探索中予以回应。作为最早关注数据确权的主要经济体之一,欧盟指出,数据自由流动的障碍是由围绕数据所有权或控制的法律不确定性造成的,对此,欧盟于 2018 年出台了《通用数据保护条例》(GDPR),在法律上承认用户对自己的数据拥有自主控制权,并在 2022 年通过了《关于公平获取和使用数据的统一规则(数据法案)》提案,进一步承认数据主体和产品用户对其产生的数据具有一定的权益。除此之外,数据确权的最大争议点是,个人数据所有权应该赋予消费者还是数据持有企业。一些学者支持将个人数据权利赋予消费者,以促进隐私保护和数据市场交易;另一些则认为,此举会抑制企业创新。[①] 我们认为,国家或经济主体数据权属的认定方式或导向,是建立数字社会规制体系尤其是经济规则体系的基础,在数字化发展中具有赋能和保障的作用。厘清数据要素权属,对明确数据流通规则、强化数据

① 唐要家.数据产权的经济分析[J].社会科学辑刊,2021,1:98-106.

安全防范、促进数据价值挖掘和提升等领域的治理工作均有深远影响。

（三）数据价值

数据并非数字时代的新生概念，在漫长的历史进程中，数据伴随着人类的发展与进步，长期扮演着推动人类历史进程的重要角色。人们运用数据表达事物的确定性，更准确地刻画事物，进而建立更为有序的社会、经济和政治秩序。不过，既往的数据只是事物属性的刻画，附属于事物，且因事物的产权属性而分散在社会行动者手中，数量不大且未汇聚，不具有独立的要素价值。伴随着数字技术向人类生产生活方方面面的渗透、数据生产场景不断增多、数据收集与存储技术不断进步，以及算力大幅提升，在数字时代，数据规模更呈现出指数级增长的趋势。国际数据公司（IDC）发布的《数据时代 2025》显示：2025 年全球产生的数据将从 2018 年的 33ZB 增长到 175ZB，相当于每天产生 491EB 的数据，而 2008 年全球产生的数据量仅为 0.49ZB。[①] 由此可见，数据规模正在经历井喷式的增长。伴随数据规模扩大的是数据汇聚的不断加剧，这使得数据价值也有走向指数级增长的趋势。

在进入数字经济时代后，数据已经成为人们创造财富的重

① Reinsel D, Gantz J, Rydning J. Data age 2025: the evolution of data to life-critical[R/OL].(2017-04)[2022-07-22]. https://www.import.io/wp-content/uploads/2017/04/Seagate-WP-DataAge2025-March-2017.pdf.

要源泉,数据价值突出表现为数据能够带来直接的经济收益。其带来的经济收益一方面体现为数据通过市场流通给使用者或所有者带来经济利益,实现数据的资产化;另一方面则是在数据的搜集、加工、分析、挖掘、运用过程中释放出巨大的数据生产力,且当数据要素与劳动力、资本、技术等要素相融合时,这些要素的价值会倍增,进而驱动经济发展。当下,数字经济以数据资源为关键要素,已成为继农业经济、工业经济之后的主要经济形态,数据价值的重要性更是不言而喻,如何识别与计算其带来的直接或间接价值,是一个亟待研究的关键议题。与此同时,数据的生产具有多元主体的特征,这使得价值的分配也成为各界无法回避的讨论议题。“谁拥有数据”“谁可以访问数据”以及“数据是否可以被赋予所有权”等问题仍有待解决,这也使得对数据价值的讨论与数据权属议题之间存在高度关联性。

(四)数据安全

数据安全直接关乎网络安全,习近平总书记指出,“网络安全对国家安全牵一发而动全身,同许多其他方面的安全都有着密切关系”[①]。网络安全是国家安全的重要组成部分,对经济社

① 夏学平,邹潇湘,贾朔维,等.加强数字化发展治理 推进数字中国建设[N].人民日报,2022-02-15(7).

会的稳定运行起到了直接的作用。[①] 随着新技术新应用的大规模发展，数据泄露、网络攻击、网络诈骗、勒索病毒、安全漏洞等网络安全威胁日益凸显，网络安全工作面临诸多风险和挑战。数据安全与数据权属关联密切，正是由于当前数据在法律上是否被赋予资产属性仍有待确认，因此，在大部分场景下，数据的使用权、所有权也仍缺乏明确的认同和界定，由此可能会引发一系列的安全问题。

从微观层面上讲，数据权属问题关系到个人隐私和财产安全。在权属问题尚存争议的情况下，一旦出现公民个人隐私和生物特征敏感信息的泄露或被恶意利用，将会给公民个人造成安全隐患，且后续难以追责。从宏观层面上看，一方面，数据权属关系到公共安全、国家安全，在缺乏数据权力主体任责的情况下，公共领域的各类敏感数据一旦泄露，可能导致政治、经济等风险；另一方面，在数据安全领域，由于数据的跨境流通尚未形成国际统一的规则，这或许会导致大国，如美国，试图通过“长臂管辖”来实施“数据霸权”，进而影响到国际社会的安全。由此可见，对数据安全的顾暇程度和数据权属的导向关联密切，因此，明确数据从产生到价值实现和分配过程中的技术与实践挑战、厘清数据跨境流动的规则就显得尤其重要。

---

① 樊会文.网络安全事关国家安全和国家权益[EB/OL].(2014-11-27)[2022-07-14].http://www.xinhuanet.com/politics/2014-11/27/c_127258016.htm.

（五）数据交易

数据价值的实现有赖于数据的流通，即可交易性。早期对生产要素的定义认为，生产要素能够促进生产，但不会成为产品和劳务的一部分，也不会因生产过程而发生显著变化。[①] 从该角度看，数据作为新型生产要素，在本质含义上已展现出与传统的生产要素的显著不同，即在部分情况下，数据可被作为产品进行交易。因此，需明确的是，数据只有流动、分享才能创造价值，而数据交易则成为数据融通与交换的重要方式。

事实上，数据交易并非数据流通的唯一方式。一方面，数据主体对数据的自留使用、主动共享和对外交易均会带来不同程度的数据流动[②]；另一方面，有些数据能够流通，却无法进行交易，如流通于政府部门之间的数据[③]。但之所以仍将数据交易视为数据要素的一项重要特性，是因为数据交易已成为数字经济的基础性环节，能够促进对数据价值的挖掘和再挖掘，增加数据要素的生产价值。可交易性意味着数据在流通领域被作为一种商品，可以与其他商品互换，其他商品包含其他物品、服务。由于货币也是固定充当一般等价物的商品，因此数据可直接与货币进行互换。

---

① 萨伊.政治经济学概论：财富的生产、分配和消费[M].陈福生，陈振骅，译.北京：商务印书馆，2020.

② 熊巧琴，汤珂.数据要素的界权、交易和定价研究进展[J].经济学动态，2021，2：143-158.

③ 苏成慧.论可交易数据的限定[J].现代法学，2020，42(5)：136-149.

在传统经济中，商品的交换与买卖是市场的核心，其本质是通过交易实现商品的权属转移。但当数据成为交易对象时，交易会面临诸多困难。困难首先源于数据确权难。当数据成为交易对象时，如权属不明确或数据安全保护不到位，数据拥有者可以无限复制数据，数据在交易之后被转卖的风险也较高，进而破坏所有权或使用权等的交易。其次，交易的数据可能会与个人隐私和商业秘密等联系密切，卖方出卖数据的同时可能会出现侵犯用户隐私的问题。最后，数据交易也面临着数据垄断的悖论，即大部分人的数据被少数平台控制进而在数据交易领域引出更多不平等。前文所述的数据权属、价值、安全等均为影响数据交易实现的关键要素。但当前，数据交易的行业现状、交易模式等均有待明晰和确认。同时，数据交易也意味着需要有数据要素市场。只是，数据要素市场不是一个单独的要素市场，而是一个横跨各领域的综合要素市场，其他生产要素在进行交易时，均涉及数据的驱动和引领，需与数据要素市场高度融合。[①]

（六）数据要素各议题之间的基本关系

数据信息、数据权属、数据价值、数据安全和数据交易作为数据要素的五项重要议题，相互之间联系密切。首先，数据信息奠定了理解数据要素的理论基础。信息作为数据价值的传递链条，数据作为一种信息记录的形式，其在交相互动中而具备的可

---

① 周琦.数据也是生产要素，如何共享、流通和确定[J].中国经济周刊，2020，10：109-111.

复制、可共享、可交换、可再生等多重特征是数据成为生产要素的前提和基础。

其次,从“要素价值论”的角度出发,数据作为新型生产要素,其价值不可估量。但数据是否能最大限度地发挥其价值,和数据权属密切相关,数据所有权、使用权、经营权和分配权分离的特点也大大增强了数据确权的难度。面对传统生产要素的产权观强调要素的独占性和排他性,这又与数据的可复制与可共享性不符,一旦对数据实施传统的归属权判断(如仅让原始数据主体对个人数据拥有排他性所有权),则可能导致数据仅被个人使用,排除了其他主体重复利用该数据的机会,进而封锁了数据价值倍增的机会;同时,既往排他性的所有权可能导致产权碎片化,无法实现大数据的整合效应,进而丧失数据商业价值。反过来,数据价值的高低也在一定程度上给数据权属的界定带来了难题。在数据能够带来巨大经济收益的情况下,数据来源也更为多样。在此情况下,数据的归属评判将充满难点,且可能引致不公平或暗箱操作的问题。

同时,数据安全同样与数据价值联系密切,一系列数据安全技术为数据的交易与流通提供了保障,一旦出现数据安全问题(如数据泄露),可能会引起免费数据泛滥,扰乱数据的流通与交易秩序;而对数据价值的计算能为数据安全的风险识别、防范领域提供参考。对数据安全重要性的评估也需要在探索中取得平衡,如过分强调数据安全,则可能制约数据跨界、跨境流通,进而限制其在更大场域内实现价值;忽视数据安全问题,则可能扰乱数据交易市场的秩序，带来包括交易风险的诸多风险，进而影响数据价值的实现。

再次，数据权属与数据安全也存在相互作用关系，数据确权决定了数据在不同场景下的归属权、使用权等，促进了安全边界的约定，而数据安全则需确保所有使用的安全保障手段都能满足数据主要参与者的安全维护需求。

最后，数据交易与其他几项特性同样联系密切，数据能够创造价值是培育数据要素市场、开展数据交易的基本前提，数据交易也是数据价值的实现方式之一，而数据确权则确定了数据交易主体，对数据安全的重视也能够维护数据交易的基本秩序，促进培育规范的数据交易平台，同时数据交易作为数据流通的一项具体形式，也有助于探索数据要素的权益配置方案并促进数据安全机制的完善。

图 0-1 显示了五项议题围绕数据要素而形成的基本关系。数据信息是概念起点，显现了数据要素的特征，成为数据作为生产要素的前提与基础。数据的权属界定、价值实现、安全保障以及规范交易同样是探索数据要素中的重要议题。可以说，对数据要素的理解充满复杂性。围绕这一核心问题，数据价值是基本属性和讨论的基础，安全是对数据交易环境的维护与保障，数据确权是对价值归属以及安全保障主体的认定，它们之间的关系只有平衡了才能实现数据价值的最大化，并使数据交易成为可能。若在互动中过于关注某一方面，则可能导致结构不稳定。

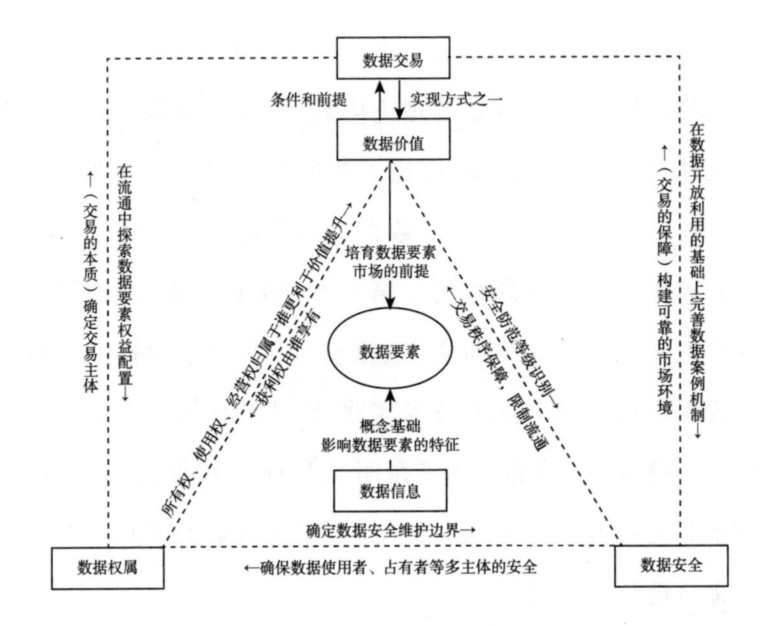

图 0-1　数据要素五项议题的关系

三、 对数据要素的认知尚在探索中

建立对数据要素的基本认知已成为理解数字时代的基本入手点。数据作为一种新型生产要素，有别于传统要素，对其基本特性的理解也尚在探索之中。针对数据要素的各类讨论遍及学界、商界、政界等，各方观点或符合自身的利益需要，或符合自身的价值取向，或充斥着一叶障目的风险，这使得既有的讨论广含争议，短时间内难以形成共识。

在信息纷繁、共识难聚的当下，了解现有积累显得尤为重要。对此，本书围绕数据要素，对既有讨论和研究进行了整合与汇集。从篇章结构上看，除导论外，本书共分为五个章节。第一章“数据信息”介绍了数据的理论内涵，阐释了数据和信息的基本定义、属性、关系与管理，搭建了数据之所以能够成为生产要素的基本解释框架。第二章“数据权属”从理论和法律实践上对数据权属进行了概念辨析。第三章“数据价值”介绍了数据价值的生成与度量。第四章“数据安全”介绍了数据安全现状和在数据安全领域开展的技术实践，以及其他与数据安全有关的问题。第五章“数据交易”在明确与评估数据权属、价值和安全相关关系的基础上，介绍了数据交易行业的现状并对未来数据交易进行了展望。

总体而言，本书未对数据作为生产要素的研究提出系统创新性的内容或观点，而是从多角度汇集已有思考，提出我们的思考、判断和疑问，纵有创新，亦非系统性的。对数据要素的理解涉及多个学科、多重视野，因此，汇聚不同学科背景中的既有文献，有利于展示该议题的全貌，推动该领域共识的形成并为未来的创新提供起点。未来，围绕数据作为生产要素这一时代性问题，还有更多现实且关键的议题值得被进一步探讨。譬如，如何在数据经济的发展过程中，平衡规制与发展的关系，寻求平衡点？数据权属通过哪些机制影响数据的交易？如何寻求数据的大量汇集，从中挖掘新的价值点，同时避免平台垄断？……希望本书能够给从事数据要素研究，或对数据要素有兴趣的读者些许启发。

最后，与西方发达国家相比，中国在还没有完成工业化、城镇化和农业现代化之时,就迎来了数字化,并走在了国际数字社会发展竞争的前列。这既给我国发展数字经济带来了巨大挑战,也带来了空前机遇。在机遇与挑战并存的当下,探索适应高质量发展需求的数据治理规则显得尤为重要。未来,如果我国能在数据要素的利用与规范领域探寻出一条平衡道路,势必会获益良多,并在塑造世界数字格局的过程中展现更大的影响力。

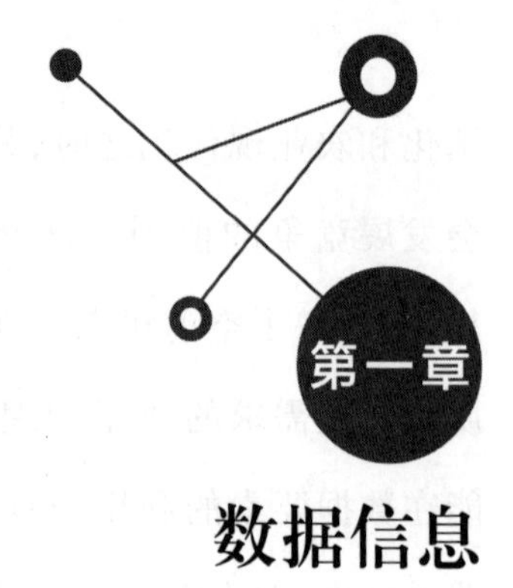

数据信息

一、 数据和信息的定义

21 世纪以来,数字经济飞速发展,大数据的浪潮席卷全球,包括我国在内的很多国家都将大数据上升到国家战略的高度。数据已经成为新时代的生产要素,基于数据的建模以及数据挖掘已经成为所有企业的必修课。数据思维也随着数据的广泛使用而被大众认可,它作为一种新的思维,旨在对数据要素进行加工,从中挖掘出有价值的信息来指导决策,是一种全新的思考问题、分析问题、解决问题的方式。数据思维的本质是:数据要素蕴含大量关于实体经济的信息,利用信息能有效提升经济生产效率。由此,信息是数据产生价值的本质原因,如果从数据中挖掘不出信息,那么数据就缺乏价值。

在日常生活中,信息、数据要素相关概念也被广泛讨论,比如信息技术、大数据杀熟、数据库等。移动网络的发展也使数据和信息传播更加便利,数据和信息总量正在呈几何式增长。但同时,人们对数据和信息往往只有一个偏感性的认知,对其缺乏较为严格的定义。在 DIKW 层次结构模型下,数据—信息—知识—智慧形成价值链条,数据通过解释成为信息,二者关系十分密切。从概念的抽象程度来看,数据的概念容易与客体对应,而信息、知识则较为抽象,且概念间的边界比较模糊。在很多情况下,数据和信息的概念可以互换使用,且无须担心产生歧义。这从侧面说明数据与信息的关系是较为复杂的,学术界对它们的性质、意义也存在争议,在不同的学科与专业中,数据与信息的含义也有所不同。因此,为了在数字经济中建立数据、信息的完整理论体系,厘清数据与信息间的关系是很重要的。

本章第一部分将系统地梳理信息与数据在相关文献中的定义,第二部分对信息和数据的属性进行介绍,第三部分对信息和数据之间的关系进行进一步探讨,最后从数据和信息的管理的角度对本章内容做出总结。

(一) 数据的定义

一般而言,数据作为新的生产要素,是数字经济价值链的基础。在《现代汉语词典(第 7 版)》中,“数据”一词的含义是进行各种统计、计算、科学研究或技术设计等所依据的数值。在英语中,“Data”(数据)这个单词的出现可以追溯到 17 世纪 40 年代。1946 年,约翰·冯·诺依曼(John von Neumann)领导的研究小组正式提出,在计算机运行时把程序和数据一样存放在内存中,这是数据首次被用来表示“信息的传递和储存”；“数据处理”(Data Processing)则是在1954年首次被使用。在*Oxford English Dictionary*中，“Data”的含义为由计算机或其他自动设备操作的数量、字符或符号，可以以电子信号等形式存储或传输。《信息技术 词汇 第1部分：基本术语》(GB/T 5271.1—2000)对数据的定义是：信息的可再解释的形式化表示，以适用于通信、解释或处理。通过上述定义，我们能对数据有一个直观的认识。但上述定义缺乏对数据与信息概念的对比，很难据此为数据和信息划定边界。近些年来，一些学者也致力于对信息和数据的概念进行比较，下面将对相关文献中的观点进行总结与分析。

科克等人[①]认为，数据是知识和信息的载体，是一种可以存储和传递知识和信息的方法。信息和知识都要借助数据这一载体进行通信，而通信过程会涉及数据存储(如硬盘、纸质介质)和传输设备(如无线电、光纤)。从这个意义上说，一条数据只有在被其接收方理解或解释时才会成为信息或知识。从另一个角度来看，只有在自己拥有的信息和知识被编码为数据之后，一个人才能与另一个人交流。信息具有描述性的内容，其与过去有关，与此形成对比的是，知识与当前的状况有关，具有显著的预测性。基于大量信息形成的知识可以在一定的准确性下预测将来。从这个角度来看，“铝冶炼厂的温度已设定为300摄氏度”

① Kock N F, Mcqueen R J, Corner J L. The nature of data, information and knowledge exchanges in business processes: implications for process improvement and organizational learning[J]. The learning organization, 1997, 4(2): 70-80.

这样的陈述传达了信息,而“如果铝冶炼厂的温度设定为1000摄氏度,那么该冶炼厂中的所有铝将在30分钟内熔炼”的陈述传达了知识。由于知识和信息的真实性是相对的,因此信息和知识在这个层面上与正确性不绝对相关。

阿莫特和尼高[①]在决策过程中对数据和信息的定义进行了剖析。他们认为数据是语法实体——是没有意义的模式;数据是理解、解释事物这一过程的输入,也就是决策的最初步骤。而信息是被解释的数据——是有意义的数据;信息既是数据解释的输出,也是基于知识的决策过程的输入和输出。对于一个决策系统或者人来说,数据和信息之间的一个明显区别是:数据是未解释的字符、信号、模式、符号,即它们对相关的系统没有意义。数据在被解释之后就变成了信息,为了将数据解释为信息,系统也需要知识。例如,“'Q)9 § ? 8 $ %@ * ¨&/”可能是传感器发出的一系列信号,但对大多数人来说只是数据,因为人们无法理解其含义。而“通货膨胀率”“血压下降”“古巴导弹危机”等数据则具有意义,因此是信息。这些术语的含义对不同的人可能是不同的,而正是特定领域——乃至整个世界——的知识使人们能够从这些数据串中获得意义。

达文波特和普鲁萨克[②]认为,数据是关于事件的一组离散

---

① Aamodt A, Nygård M. Different roles and mutual dependencies of data, information, and knowledge: an AI perspective on their integration[J]. Data & knowledge engineering, 1995, 16(3): 191-222.

② Davenport T H, Prusak L. Working knowledge: how organizations manage what they know[M]. Boston: Harvard Business School Press, 1998.

的、客观的事实。在语境中，数据可以准确地以定量的方式描述对象。比如，当一位顾客去加油站时，这笔交易可以利用数据来辅助描述：何时购买；买了多少公升；付了多少钱。数据在其中只起到精准描述的作用，它不能独立存在，只能将事情描述得更准确。就其本身而言，这些事实并不能说明加油站的运行状况。彼得·德鲁克(Peter F. Drucker)曾经说过，信息是被赋予了相关性和目的性的数据。这也暗示了数据本身没有相关性和目的性。

图奥米[①]认为，数据通常是可以用来构建信息的事实。数据出现在人们拥有信息之后，而信息出现在人们拥有关于事物的知识之后。数据之所以最后出现，是因为数据需要人们明白相关信息，进而才能处理或生成。例如，当信息存储在计算机的数据库时，人们需要明白数据库条目的含义，才能创造和读取数据。

博齐等人[②]认为，数据是离散、客观的事实或观察结果，如果没有经过组织和处理就没有任何特定的含义。

劳东[③]认为，数据、信息和知识这三个概念在很多场景可以相互替代，但是在知识管理领域中有较为细致的区别。他认为

---

① Tuomi, I. Data is more than knowledge: implications of the reversed knowledge hierarchy for knowledge management and organizational memory[J]. Journal of management information systems, 199, 16(3): 103-117.

② Bocij P, Chaffey D, Greasley A, et al. Business information systems: technology, development and management for the e-business[M]. 3rd ed. Upper Saddle River: Financial Times/Prentice Hall.

③ Laudon K C. Management information systems: managing the digital firm[M]. 10th ed. New York: Pearson Education, 2007.

信息是对世界状态的简单观察。

计算机视觉是近年来的热门研究问题,陈敏等人[①]从计算机视觉技术的角度入手,分析了数据和信息的区别。在数字时代,数据、信息与知识存在于人类的感知空间中,也可以被计算机储存。这意味着在这两个空间中,三者是并存的,所以陈敏等人认为需要在这两个空间中区分数据、信息和知识的定义。在人类的感知与认识空间中,数据就是符号;而信息是经过处理的有用数据,能为"是谁""是什么""在哪里"和"什么时候"之类的问题提供答案。在计算空间(计算机储存)中,数据就是真实或模拟对象和各类模型的可计算化表示;而信息则是展现计算过程的结果的数据(如在统计分析中展现的数据,这些数据都具有人类能够直接理解的实际意义),或者是拥有人类分配的某种意义的文本。

数据、信息和知识是信息科学的基础。数据、信息和知识的系统概念对于信息科学系统的发展以及该领域知识图谱的构建至关重要。2007 年,在"信息科学的知识图谱"研究中,由来自 16 个国家的 57 位顶尖学者组成的国际专家小组对数据和信息的定义进行了讨论。以下是数据的众多其他定义方式,现将其一并列出。[②]

---

① Chen M, Ebert D, Hagen H, et al. Data, information, and knowledge in visualization[J]. IEEE computer graphics and applications, 2009, 29(1): 12-19.

② Zins C. Conceptual approaches for defining data, information, and knowledge[J]. Journal of the American society for information science and technology, 2007, 51(4): 479-493.

数据和信息的定义

(1) 在计算系统中，**数据**是被编码的不变的量。在人类的视角中，数据是人类的陈述或实证研究的记录。**信息**的意义则和人的意图息息相关。比如在计算系统中，信息是数据库、网页等展现的内容；在人类的交流中，信息是言语和文字的含义，因为传递者和接收者将信息赋予言语。

(2) **数据**是固定在介质中/上的概念或对象的一种表示形式，以满足人类或自动化系统的通信、解释、处理需求。**信息**可以是在通信过程中发送者用来表示一个或多个概念的消息，旨在增加接收者的知识；也可以是记录在文档文本中的消息。

(3) **数据**是经过量化或限定的符号集。**信息**是一组可以创造知识的信号，常常发生在通信过程之中。

(4) **数据**是人们感知到的感觉刺激。**信息**是已经处理成对接收者有意义的形式的数据。

(5) **数据**是一切可以增加人类任意形式知识的对象，并且这些对象可以通过文字或语言被记录。数据可以在人们的脑海中唤起信息和知识。**信息**会随着个人已有的认知而变化。信息总在一个认知体系或主题下产生，如：构成文档或书籍的单词和符号不是信息，但当这些标志被人类解读时，就会产生知识。

(6) **数据**一词通常指代计算机内的编码与记录，但更广泛地指称统计的观察、其他记录和证据集合。**信息**一词指代许多不同的现象，主要分为三类：感知到的任何有象征意义的事物（如书籍）；告知内容的过程；从一些证据和交流中获悉的事物。这些都是“信息”一词在英语中的正确用法。

(7) **数据**是通过观察而获得的单一数字或事物，但就其本身而言，如果没有上下文，它们无法代表信息。**信息**是指通过数据和组合数据的上下文传达的内容，并可以进行分析和解释。

(8) **数据**是根据已有规则组织的符号。**信息**代表意识和物理上表现的状态。

(9) 原始数据（有时称为源数据或原子数据）是尚未经过处理以供使用的数据，“未处理”可以理解为没有做出任何努力来解释或理解数据。**数据**是某些观察或测量过程的结果，被认为是“世界事实”。**信息**是数据处理的最终产物。

(10) **数据**是与实体相关的一些内容。**信息**是与实体相关的数据的综合。

(11) **数据**是代表对原始事实的理解的一组符号（可以从中推论或得出结论的事件）。**信息**是有组织的数据（可以回答以下基本问题：什么？谁？什么时候？在哪里？）。

(12) **数据**可以被定义为一类信息对象，主要由二进制编码单元组成，以便计算机存储、处理、传输。比如，二进制代码形式的数据不可能立即对人类有意义，但如果人们适当地收集和处理数据单元，它们就可以成为“信息构建块”，进一步可以成为信息，对人类更有意义。对人类有意义的数据组合可以称作信息。但**信息**还有其他形式（自然的、文化的），不能完全格式化为计算机和相关技术可以传输、处理的数据。

(13) **数据**的定义取决于每个人的知识体系。康德学派认为数据是理解先验类别的基础；计算机程序员认为数据是预处理信息（出于某种目的，根据某种算法收集的数据）或后处理信息（是某类信息矩阵，在这种情况下，无法定义除信息之外的数据，因为它依赖于信息）；生物学家则可能认为数据就是刺激。**信息**则是对信息搜寻者有用或相关的资源。

(14) **数据**是现实世界事实的表示。**信息**是在一定主题系统下组织的数据，可以用于交流。

(15) **数据**是与自然世界现象相关的最小可收集单位。数据通常出现在针对现实现象所观察收集的事物集合中。数据本身不具有正确性，人们往往可能没有针对当前问题来正确收集、定义数据。**信息**是对数据的某种抽象。信息并不是天生就意味着对数据进行分析。信息也并不是如所预期的那样，能对数据进行正确的解释。

(16) **数据**是科学家和其他人收集的关于世界的原始观测结果，具有最小意义上的上下文解释。**信息**是对世界进行连贯观察的数据汇总。

(17) **数据**是人类对一些对象（例如手工制品、种子、骨骼）及其相关环境进行的观察和测量。数据的定义是与理论紧密相关的,一般来说,什么被视为数据取决于一个人所认同的世界观。本尼·卡尔帕特肖夫(Benny Karpatschof)从能量的角度定义**信息**:一个给定信号在某种机制和系统中的相对质量。

(18) **数据**是最小单位的事实,是世界中"真相"的基本组成元素,它与人们对于外界的感知直接相关。数据没有对事件进行进一步解释和承接事件前因后果的功能。**信息**是在数据构成的"事实"集合中添加了"处理能力"的集合,从而能对事实集合做进一步解释。这样的处理能力一般代表上下文联系(数据的背景),事实相互间的关系等能运用数据的信息,这意味着信息是被赋予了进一步意义的数据。

(19) **数据**是信息编码后的常规表示形式(例如 ASCII,编码方式通常因行业而异)。**信息**是在时间、空间辅助下记录的知识。

(20) **数据**是社会文化信息的一种固定形式的记录(数字化内容),从而计算设备可以忽略产生数据的认知过程对其进行处理。也正因如此,需要从外部给数据赋予一定的意义(标注数据的属性)。**信息**是系统内部结构与其实际运行方式之间的关系。

(21) **数据**是可感知的物理、生物、社会等概念实体的属性(当这些信号可以被人类所探查时)。**信息**是被记录下来的,并且可以进一步组织和交互的数据。

(22) **数据**是以原始形式呈现的字母、符号、数字、音频字节、视频字节的集合。从根本上说，人们需要凭借知识对数据进行转码，进而将其转变为信息。**信息**是事实，是图片和其他形式的有意义的表示。这些表示呈现给人类时，可以增强人类对主题或相关主题的理解。

(23) **数据**是信息的原始资料，通常以数字的形式呈现。**信息**是与评论、背景、分析等对人有意义的内容一起收集的数据。

(24) **数据**是主体感知到的对象或简单事实，在主体的意识中未经过重构或阐释，也没有经历进一步的分析。**信息**是在一定的历史、文化和社会背景下，从知识中产生并被整合、分析和解释，从而实现有意义的消息传递，是社会中人类认知变化的现象。

(25) **数据**是原始的符号实体，其含义取决于上下文环境，从而通过一定的解读方式产生意义。**信息**是消息传递者以一定方式组合的数据，从而影响消息接收者的认知状态。

(26) **数据**是固定形式化表示的事实和观点，人们能够通过一定方式进行交流和修改。因此，数据通常与事实和机器有关。**信息**是人类通过一些已知的约定，为相应的数据赋予的含义。由此，信息的意义和人类有关。

(27) **数据**是可以重复测量的、可以量化的事实。**信息**是不同数据的有组织的集合。

(28) **数据**是原始的事实，没有经过处理，但有被进行处理的可能性，从而产生知识。**信息**是知情的过程；它取决于知识，同样也是处理后的数据。

(29) **数据**是观察或测量结果的事实。**信息**是有意义的数据，或是通过一定方式解释、组织，进而产生意义的数据。

(30) **数据**是以数字、事实、图片等形式反映自然与社会世界中各种现象的人类产物。**信息**是生物之间交流的任何对象。它和能源、材料是生命生存和进化的三大支柱。

徐晋认为，“数据是指对信息的数字化解构”。笼统地说，数据是使用约定俗成的字符，对客观事物的数量、属性、位置及相互关系进行抽象表示，以适合在这个领域中用人工或自然的方式进行保存、传递和处理。[①] 而约定俗成的标准在不同的时间和空间中会有变化，这意味着不同的种族、不同的宗教、不同的文化以及不同的国家，对客观世界的标准和符号的描述会产生差异。这是产生信息不对称的根本原因，所以不同环境下的主体在描述同一客体时，会出现不同的数据。例如，中国古代通过月亮的变化理解时间，而西方则通过太阳的变化理解时间。

（二）信息的定义

20 世纪 30—40 年代，因为近现代科学家对信息的定义和属性（信息量）的摸索，人们对信息有了比较深刻的认识，一些著名

① 徐晋.大数据经济学[M].上海：上海交通大学出版社，2014.

科学家围绕信息和反馈进行了大量的研究。

人类通过获取、识别自然界和社会的不同信息来区别不同的事物，从而得以认识和改造世界。在一切通信和控制系统中，信息是一种普遍联系的形式。

1. 香农的信息熵

1948 年，数学家克劳德 · 香农（Claude E. Shannon）在题为《通信的数学理论》的论文中指出："信息是用来消除随机不确定性的东西。"①创建宇宙万物的最基本单位是信息。香农还将信息和不确定性联系起来，认为对事物信息量的度量等价于对事物不确定性的度量，并基于此提出了信息熵的公式：

$$H(X)=\sum P(x)\log\frac{1}{P(x)}$$

2. 费希尔信息

英国统计学家罗纳德 · 费希尔（Ronald Fisher）从古典统计理论的角度研究了信息理论，提出了单位信息量的概念。

费希尔信息是衡量观测所得到的随机变量 X 携带的关于未知参数 θ 的信息量。假设随机变量 X 服从一个已知的概率分布 $f(X;\theta)$，有

$$\mathcal{L}(X;\theta)=f(X;\theta)$$

其中 $\mathcal{L}(X;\theta)$ 为 X 关于参数 θ 的对数似然函数。

① Shannon C E.A mathematical theory of communication[J].Bell system technical journal, 1948,27(3):379-423.

如果(对数)似然函数的一阶导数$\left(\frac{\partial \mathcal{L}}{\partial \theta}\right)$接近0,则为意料之中的事,即样本没有带来太多关于参数θ的信息;但如果似然函数的一阶导数的平方很大,那么样本就提供了比较多的参数θ的信息。所以费希尔对随机变量X的费希尔信息定义为

$$I(\theta)=E\left[\left(\frac{\partial \mathcal{L}}{\partial \theta}\right)^2 \middle| \theta\right]=-E\left[\frac{\partial^2 \mathcal{L}}{\partial \theta^2} \middle| \theta\right]$$

美国应用数学家诺伯特·维纳从控制的观点研究有噪声信号的处理问题,建立了“维纳滤波理论”,并提出了信息的概念。维纳认为“信息就是信息,既非物质,也非能量”;“信息是人们在适应外部世界,并使这种适应反作用于外部世界的过程中,同外部世界进行交换的内容和名称”。[①] 同样是在控制论中,谢尔盖·索博列夫认为“信息是物质过程之间的一种特殊类型的关系。归根结底,信息并不是什么别的东西,它不过是物质的一种属性”[②]。

3. 波普尔的“三个世界”理论

在哲学领域,波普尔在《没有认识主体的认识论》一文中首次提出并系统阐释了著名的多元本体论体系——“三个世界”理论。[③](见图1-1)

---

① Wiener N.Cybernetics or control and communication in the animal and the machine[M]. Reprint.Cambridge: The MIT Press,2019.

② Sobolev S L,Kitov A I,Lyapunov A A.Basic features of cybernetics[J].Voprosy filosofii (Problems of philosophy),1955,4:136-147.

③ Popper K R.没有认识主体的认识论[J].邱仁宗,译.世界科学译刊,1980,2:47-55.

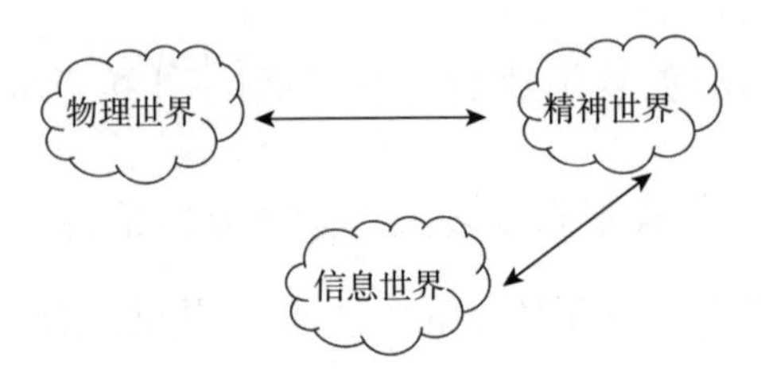

图 1-1 波普尔的“三个世界”

“世界 1”指的是能够通过自然科学解释状态和过程的领域。包括我们试图用物理、化学以及生物学来解释的状态和过程，也包括那些随后伴随着生命出现的状态和过程。

“世界 2”指的是心理状态和过程的领域。包括所有动物和人类的感受和思想，以及有意识和无意识的精神状态和过程。

“世界 3”指的是思想的产物的领域。在波普尔看来，世界 3 的“物体”包含了非常广泛的实体，从科学理论到艺术作品，从法律到制度。概括地说，就是人类的信息世界、知识世界。波普尔认为，“世界 3”，即人类思想的产物的世界，并不直接对“世界 1”即客观自然界产生影响，而是通过影响“世界 2”即精神世界，再作用于“世界 1”。

波普尔的“世界 3”不仅包含处理人与自然关系的自然科学知识，还包含处理人与人之间、人与群体之间关系的社会文化知识。当然，信息也存在于这个世界中，人类也是从信息中升华出知识的。总的来说，人类的一切行为都是由个体产生的，但人类文明的成果，则全部体现在“世界 3”，即人类思想的产物的世界之中。

传统意义上，物理世界的对象可分为物质、能量和信息。物理学家们经过不懈努力，发现并证明了物质与能量之间可以相互转换,而信息则以物质或能量为载体。“世界 1”可以被认为是物质与能量的世界。“世界 1”中的物质带有大量的信息,包括物质存在的形态也展现出丰富的“自在信息”,如山川河流的形状、位置等,还有大量的人类活动形成的人工信息,如书籍、雕塑、建筑等。人们忽略“世界 1”中的自在信息(尽管这些信息对人类而言非常有意义,但不是人类创造的),而只将物质或能量所展示出来的人造的“再生信息”归到“世界 3”之中。这样,“世界 3”就是依附于“世界 1”的纯粹的人造信息世界。“世界 1”中的“自在信息”,经由“世界 2”的意识加工后,以新的方式呈现在“世界 1”中,也就归属于“世界 3”,比如摄影作品。

波普尔的“三个世界”的观点,体现了知识与信息的客观性。在他看来,知识的客观性等同于信息的客观性。尽管人们无法证明“真理”是客观的,但那些呈现在图书馆里的书上的字所内含的信息所构成的世界 3 却是客观的。

4. 钟义信对信息的定义与辨析

中国学者钟义信认为,信息泛指以任何形式表现的事物运动的状态和方式,包括它的内部结构的状态和方式,以及外部联系的状态和方式。[①]

其中,“事物”是指一切可能的对象或系统,既可以是自然界和人类社会中的各种物质客体,也可以是思维领域的精神现象。“运动”既可以是物体在空间中的位移,也可以是任何形式和任

① 钟义信.信息科学原理[M].5 版.北京:北京邮电大学出版社,2013.

何意义上的变化。"运动状态"是指事物运动中呈现的相对稳定的情形，在某种意义上也可以说是静态的情形，而"运动方式"则是指运动过程中状态转变的情形，在某种意义上也可以说是动态的情形。换句话说，"运动状态"是指事物在空间上的展布，而"运动方式"则是这些事物在时间上的行为或是变化的规律。

本体论意义上的信息是纯"客观"的，与观察者的因素无关；而认识论意义上的信息定义则必须有观察者，而且必须从观察者的角度来看问题。也许，从实用的观点来看，人们会认为认识论意义上的信息定义才有用，不考虑人（观察者）的信息定义是没有意义的。不过，这只是问题的一方面。从全面的观点来看，应当承认，本体论意义上的信息定义更为根本，认识论意义上的信息定义是在这个基础上引申的。实际上，这两者相互依存，相互联系，不可分割。

首先，从认识过程的角度来考虑，必须区分实在信息、先验信息和实得信息。实在信息是指事物本身实际存在的信息；先验信息是指在观察（试验）之前，观察者已经具有的关于该事物的信息；实得信息则是指在观察过程中，观察者实际所得到的关于该事物的信息。如果用符号 X 来表示某个事物，R 表示观察者，$I(X)$ 表示事物 X 的实在信息量，$I_0(X;R)$ 表示观察者 R 关于事物 X 的先验信息量，$I(X;R)$ 表示观察者 R 关于事物 X 的实得信息量，那么在理想观察情况下：

$$I(X;R)=I(X)-I_0(X;R)$$

显然，实在信息只与事物本身的情形有关，而先验信息和实得信息则不仅与事物本身的情形有关,而且与观察者的主观因素有关。因此,在研究认识论意义上的信息问题时,必须分清讨论的是哪一种信息,不能把这些不同的信息概念混为一谈。

其次,引入观察者的因素以后,还必须区分语法信息、语义信息和语用信息。语法信息是关于事物运动状态和方式的形式化关系(类似于语言学的语法)方面的广义化知识;语义信息是关于事物运动状态和方式的逻辑含义(类似于语言学的语义)方面的广义化知识;语用信息则是关于事物运动状态和方式对于观察者而言的效用(类似于语言学的语用)方面的广义化知识。

显然,对于观察者来说,信息的语法、语义和语用呈现为三位一体的关系:任何事物的运动状态和运动方式都具有一定的形式上的关系,也具有一定的逻辑含义,因而对于一定的观察者而言必然具有某种程度(正、负、无)的效用。不过,在这三者中,语法信息是最基本也是最抽象的层次,语用信息是最丰富也是最具体的层次,语义信息则介于这两者之间。要从认识论的意义上来研究信息问题,一定要分清这些不同的层次。否则,笼而统之,就必然会导致混乱和误解。

钟义信也针对不同的信息定义方式,对一些定义给出了辨析。

《现代汉语词典(第5版)》中给出的信息定义是:信息论中的信息是指用符号传送的报道,报道的内容是接收符号者预先不知道的。它属于实得的语义信息。

“信息是用来消除随机不确定性的东西”[①]；“信息是使概率分布发生变动的东西”[②]。这些定义属于实得的概率性语法信息：收到了这种信息，就消除了随机型不定性，也就是使概率分布发生了变动。

“信息就是负熵”[③]；“信息就是有序性”，“信息是系统组织性”[④]。这些定义涉及概率性语法信息的概念，因为这里所说的熵是概率的泛函，是随机型不定性的度量，而有序性和组织性都是以负熵来度量的。

“信息是被反映的事物的属性”[⑤]；“信息是被反映的差异”；“信息是被反映的变异度”。这些说法的共同特点是都有“被反映的”这一限制词。在这里，“被反映”意味着“实际获得”或“实际感知”。因此，这些都是实得信息的概念。

5. 其他学者对信息的定义与辨析

郭金彬认为，只有通过人的意识才能获得新内容、新知识，从不确定性过渡到确定性，才能得到信息，也就是说把握到了关系。[⑥] 闵家胤从进化论的多元论来定义信息，认为它是通信系统

---

① Shannon C E.A mathematical theory of communication[J].Bell system technical journal, 1948,27(3):379-423.

② Tribus M,McIrvine E C.Energy and information[J].Scientific American,1971,225(3):179-190.

③ Brillouin L.Science and information theory[M].2nd ed.New York:Academic Press INC., 1962.

④ Wiener N.The human use of human beings:cybernetics and society[M].Boston:Houghton Milfflin,1950.

⑤ 刘长林.论信息的哲学本性[J].中国社会科学,1985,2:103-118.

⑥ 郭金彬.信息的本质是什么？[J].福建论坛,1982,4:12-14.

中信宿收到而信源并未失去的某种东西，它消除了信宿相对于信源的存在、属性和动态的某种不确定性。[①]

达文波特和普鲁萨克认为信息通常以文档或可听可视的形式传达，它有发送者和接收者。信息旨在改变接收者对事物的感知方式，从而影响其判断和行为。[②]

徐晋认为，数据是知识与信息层次的中间层，而且信息一定是从数据中挖掘的，但又高于数据。像 3 秒、58 米、4000 吨，或者大楼、桥梁这些名词之间是缺乏联系的、孤立的。只有当这些数据被用来描述一个客观事物及客观事物的关系，形成有逻辑关系的数据结构时，它们才能被称为信息。[③]

显然，信息除了自然属性或者社会属性，还包括价值判断，特别是社会价值判断。只有具备了属性或价值判断，这些描述性名词才可以被称为信息，否则就只是数据或者没有意义的符号。因此，信息是指对事物的价值判断与属性描述。例如，1.75 米如果作为一个正方形的边长，在计算正方形面积时，它就是个数据；同样是 1.75 米，如果用来描述一个约会对象的身高，那么传递出来的就是信息。

查菲和伍德认为信息是能更好地理解事物的数据。[④] 阿瓦

---

① 闵家胤.信息：定义、起源和进化[J].系统辩证学学报，1997，3：18-22.

② Davenport T H, Prusak L. Working knowledge: how organizations manage what they know[M].Boston:Harvard Business School Press,1998.

③ 徐晋.大数据经济学[M].上海：上海交通大学出版社，2014.

④ Chaffey D, Wood S.Business information management: improving performance using information systems[M].Upper Saddle River :Financial Times/Prentice Hall,2004.

德和加齐里认为信息是可以让决策变得容易的数据集合。[①] 杰瑟普和瓦拉西奇认为，信息是增加被理解对象价值的数据。[②] 劳东认为信息是具有相关性和目的性的数据。人们将数据组织成某种分析对象，以此将数据转换为信息。例如，将数据定义为位置坐标，使用数据标定此位置上的住房价格，人们就能从数据中得到事物的信息。[③]

前文已经列举过在“信息科学的知识图谱”研究中不同学者对信息的定义，在此不再赘述。[④]

总体来说，信息、数据概念的边界是比较模糊不清的，二者的区分通常取决于人的主观判断。学者们也分别从哲学、信息科学的角度来看待这一问题。信息与数据的关系与“鸡与蛋”的关系有类似之处：人类最初从自然界获取信息，进而意识到需要通过某种手段把信息记录下来，随着数学、计算技术的发展，数据成了信息的重要记录方式，数据也能让更多的人获取到信息。数据需要基于信息创造，是信息的记录方式，这样更多的人可以从数据中获取信息，二者是相互依存、相互转化的关系。

---

① Awad E M, Ghaziri H M. Knowledge management[M]. Upper Saddle River: Prentice Hall, 2004.

② Jessup L M, Valacich J S. Information Systems Today[M]. Upper Saddle River : Prentice Hall, 2002.

③ Laudon K C. Management information systems: managing the digital firm[M]. 10th ed. New York: Pearson Education, 2007.

④ Zins C. Conceptual approaches for defining data, information, and knowledge[J]. Journal of the American society for information science and technology, 2007, 51(4): 479-493.

二、数据和信息的属性

数据作为新型生产要素,它拥有与传统要素不同的若干属性,信息作为其价值的传递链条,也有独特之处。在辨析数据与信息的定义后,本部分对其各自属性进行总体介绍。

(一) 信息的属性

1. 信息的存在

信息是客观普遍存在的,且必须依附于载体而存在。就信息的存在来说,可以归纳出四种相关属性。

一是普遍性。客观世界一切本质而一般的属性,都能够由信息来反映,信息是一切物质客体和人的生产活动的普遍属性。可以发出信息的信源是普遍存在的,包括自然界和人类社会在内的任何事物,都可以发出信息。信息也发生在事物的运动与相互作用中,事物的运动都伴随着信息的运动。信息的普遍性可以分两个层次来认识,分别是本体论层次和认识论层次。从本体论层次来说,自然界中的相互作用存在于一切物体中,变化和运动时刻发生在任何有生命或者无生命体上,新的运动状态伴随着事物的相互作用和变化出现,这些运动状态是信息运动过程的表现。从认识论的层次来说,信息的定义中加上了“认识主体”这一约束条件,主体对事物状态和运动的感知以及主体对此的表述被认为是信息,包括状态和方式的外在形式、逻辑含义、效用等，而这些都是具有普遍性的。普遍性意味着不为时间和空间所局限，也不受物质和精神的局限，它所指的是广泛存在的性质。从生活出发，信息无处不在，构成世界的日月星云、生命体的遗传信息、人体内的功能性活动、人与人之间交流的语言、智能生物的感知探索和行为都是信息。世界是物质的，物质是运动的。客观存在的各种系统的运动状态都会产生信息，而生命体的精神、意识、思维的活动也会伴随信息出现，人们生活在信息的海洋里。

二是客观性。就信息的存在本身来说，它是不以人的意志为转移的。客观存在的各种系统的运动状态和变化规律一旦成为信息，信息也就具有了客观性。信息的存在是客观的，但是信息在被感知、接收、识别的过程中可以是不完全的，也有部分学者认为信息具有主观性。本部分阐述的客观性主要是指信息存在属性上的客观性，信息不是物质、不是能量、没有固定形态，是与物质世界同步演进的客观存在。[①] 从宇宙大爆炸到地球生命诞生再到如今的信息时代，信息在这 100 多亿年的历史中随处可见，这是不证自明的。它无法被“看见、听见、闻到、摸到”，但是正如能量、波、数据、空间等，都是客观存在的。颜色的存在来自光波，声音的存在来自物体的振动，味觉的存在来自口腔中分子结构的神经冲动，颜色、声音、味觉都是主观感受，光波、振动、分子结构是客观真实。“感觉”可以让人们脱离客观世界，在一

① 杨学山.论信息[M].北京：电子工业出版社，2016.

个由大脑建立的新世界中以另一种方式重新认识客观。人们感受到的客观多为便于理解而设定的概念。而在客观世界里，真正存在的是物质与能量等留下的痕迹，而这些痕迹正是为人们所感知的信息。信息是最根本、最客观的存在。

以上阐述的是信息存在的客观性，而信息内容本身客观与否，在理论上一直未得到统一意见。以马西娅·贝茨(Marcia Bates)等人为代表，他们认为信息是客观的，信息的客观性来自信息来源和内容的客观性。信息是自然界和人类的实践活动及存在方式的表达，是一种组成形式，物质的客观性不以人的意志为转移，而其带来的信息也应当是客观的。但这种观点更多是从本体论的角度而非实用的角度进行考虑，忽略了基于不同学科领域和知识背景对信息的不同解读和利用不一，在为信息的科学研究和实用提供理论依据上比较困难。而以比厄·约尔兰德(Birger Hjorland)、施旁-汉森(Spang-Hanssen)等为代表的学者则认为，信息具有主观性。这种观点主要从认识论的角度去考虑，认为只有当认识主体接收到信息时，信息才真正成为信息。不同的认识主体有不同的认识方式，对信息的认识和解读离不开接收者自身的目的，所以接收者对信息的主观印象又是难以忽略的。同样地，发出信息者对于信息的内容、接收者、传递方式和目的等也有一定的影响。同样的信息在不同的发出者和接收者之间可能会有很大差别，不同领域的研究者看待同一事物所传递出的信息的态度，是基于其受教育背景及信息传递时的具体情境而形成的，是带有主观色彩的。这种思想更多的是从应用角度分析信息。[①] 两种说法都有其道理，需要辩证地理解。

三是依附性。信息必须依赖物理世界而存在，任何信息都有物质承担者，即载体。信息本身不是实体，只是消息、情报、指令、数据和信号所包含的内容，必须依靠某种媒介进行传递。这种媒介，是信息赖以附载的物质基础，即用于记录、传输、积累和保存信息的实体。信息载体包括：以能源和介质为特征，运用声波、光波、电波传递信息的无形载体，以及以实物形态记录为特征，运用纸张、胶卷、胶片、磁带、磁盘传递和贮存信息的有形载体。

信息载体的演变，推动着人类信息活动的发展。从某种意义上说，信号革命就是信息载体的革命。[②] 人类传递信息的第一载体是语言，人类因此得以实现社会交际和思想交流。随着生产力发展和社会进步，文字作为信息的第二载体出现，信息的传递得以超越时间和空间的限制。而电报、电话、无线电的发明，使人类信息活动进入了新纪元，信息传递的速度和数量得到了大幅提升，人类可以全天候进行沟通和联系。载体的不断更新也带来了一轮又一轮的信息革命。而今，从 DNA 到量子，更多的载体正在被研究和尝试，它们都可能成为新的驾驭信息的方式。信息载体的不可分性，意味着信息的存在也需要遵循相应

---

① 王知津，戴玮洁.论信息的主观性与客观性[J].图书馆学刊，2013，35(6)：1-5.

② 于国艺，黄建乡，马伟平.信息载体演变与编辑出版活动的历史关系[J].青岛科技大学学报（社会科学版），2007，1：112-115.

的物理定律。例如,信息的存储需要依附某种物质,而一定量物质存储的信息是有限的,因此,一定量的物质包含的信息有限,一定时间和空间所包含的物质也是有限的。信息依托载体实现跨时空的延续和演进,研究信息载体是很有价值的。

四是无限性。在整个宇宙时空中,信息是无限的。只要信息的来源不断拓展,信息就没有止境。信息的无限性可以从两个方面来理解。一方面,客体产生信息具有无限性。只要事物在运动,就有信息存在;只要人类认识和改造客观世界的活动不停止,这些活动就会衍生大量的信息供人类利用。信息永远在繁衍、更新、创造,是一种取之不尽、用之不竭的资源。另一方面,认识主体利用信息的能力和领域具有无限性。随着时间的推移和空间的转换,特别是人类能力的增强,对于某一系统或某一时点没有价值的信息,对于另一个系统或另一时点则可能是有用的信息。例如,广播电台播出近两天的天气预报,为关心近两天天气状况的人提供了信息。两天一过,这些信息对这部分人也许失去了作用,但对研究一段时期天气变化规律的科学家来说,这些仍是重要的信息。信息的无限性说明,任何信息都是有用的,并且随着人们能力的发展和活动领域的拓宽,对信息的利用会无限地扩充。

信息无限性的这种表现又被称为信息的可扩充性。人类的历史其实是以信息的积累为台阶前进的,现代科学认为信息也属于宇宙基本组成的一部分。与有限的物质资源相反,信息是无限累积的,并且可以呈现出指数爆炸的增长态势。这也是这个世界越来越复杂的原因。

2. 信息的本质和原理

信息有多种多样的定义，每一种应用方向和研究方向都有自己的定义。而信息的本质究竟是什么，目前学术界还没有统一的观点。针对信息的本质和原理进行探究，可以归纳出三种相关的属性。

一是相对性。信息论的创始人香农在分析密码的过程中，将信息从载体中抽离。他把信息看作一种不确定性中的概率选择，这就使信息跳出了波形、开关、语法、声音等载体形式的表面，展示出它相对性的本质。通过古老的信息传递方式，可以直观理解这一点。烽火台用"有火"和"无火"的相对性，来描述"有险情"和"无险情"的相对性，即通过事件的对应编码将一种相对性转化为另一种能被传递的相对性，这个传递相对性的过程也传递了信息。用密码学来举例，在密钥完全随机的情况下，密钥的符号长度与信息长度相等，"信息所包含的相对性"用"密钥所含的相对性"来描述。相对性的数量相比形式更加重要。如果用 N 个相对性来描述 M 个相对性：在 $N<M$ 时，就会出现信息不足导致描述不清而失真的情况；在 $N>M$ 时，就会因信息过多而产生冗余的现象；在 $N=M$ 时，两边信息量相等。到图灵机时代，相对性被简化到用"0"和"1"来表述，由这两个相对数字即可产生无数的指令和数据，进行多步骤的计算，证明了"一切命题都可以在有限步骤内判定"。从上述事实可以判断，信息的本质是用相对性来描述相对性。

二是有序性。信息可以增加系统的有序性,以此来消除系统的不确定性,这是用熵来度量信息的基础。从热力学角度来看,无序度总是随着时间的推移而增加,也就是说熵总是在增加。但是,19 世纪的英国物理学家詹姆斯·克拉克·麦克斯韦(James Clerk Maxwell)提出了"麦克斯韦妖"的设想,即绝热容器中间的门可以选择性地将不同速度的分子放入两侧,这扇门由精灵操作,而操作的依据为分子运动的信息。这个设想表明,信息可以从无序中创造出有序。后来图灵机的发明更印证了这个设想,仅需输入由"0"和"1"构成的指令集,计算机就可以描述物理定律和自然进程,模拟打字机或电话,计算、摄像、音乐等功能也得以实现。发展到现在,人工智能可以帮助人们驾驶一辆汽车,打扫一个房间,参与一个正在发展变化的系统与进程。通过简单的操作符号,信息可以帮助人们建立和维系自然世界的秩序。

三是层次性。人们需要关心的信息往往只是一部分,其余的则是噪声,这就带来了信息的层次性问题。以圆周率为例,这个数字既存在于大大小小的每一个圆里面,也存在于每一个和圆相关的过程之中,而印刷在书上的数字包含了更多人们关心的信息。这说明信息是有层次的,高层次的信息具有更少的信息量,却有更为广泛的实用性和代表性。人类的科学体系不断追求更为抽象和精确地对世界的描述,也就是说,要尽可能精确地描述这个巨大信息处理器的不同层次,在符合自然规律的同时,又要尽量简单明确。人类的流行科学理论并非对大自然的唯一描述。自然是一个有层次的系统,它所产生的信息自然也是有层次的,任何合理的信息处理系统都是分层的。层级之间有其信息依赖模式,层级内部的依赖性最大,其信息的交互量也最大,而层与层之间交互的信息会相对少一些。在稳定的信息流下,系统会形成稳定的结构。

3. 信息的运动性

信息不是一成不变的,它时刻运动着,由信息的运动性可以归纳出如下四种属性:

一是动态性。在经典信息论中,香农定义信息为用来消除随机不确定性的东西。这句话的含义十分丰富,不确定性的消除是一个过程,只有在编码和解码的过程中,不确定性才能被消除。不确定性无法在过程之外体现意义,信息也是由作用过程所间接定义的,单一的实体物质不能直接作为信息,而只能视为一种信号源,信息只有在与之对应的处理系统中才有意义。作为信号源的物理世界是不断变化的,编码和解码的方式与过程也是变化发展的。举例来说,随着时间的推移,保存信息的物质的信噪比会逐步下降。例如,石头上的刻字和符号,百十年后,会变得模糊不清,这一方面源于石头粒子自身的运动,一方面来自其与外界环境的相互作用。在此作用过程中,原本的高质量信息以一定的概率逐步弥散到周围的环境里,信息的部分状态得到确认,而另一部分状态被随机改变。在此过程中,信息的明确性逐步坍塌,信噪比也逐步降低。

二是发展性。从宇宙大爆炸开始,信息就弥漫于整个空间。35亿年前,地球上已有生命,其开始对世界的冷热干湿、风雨雷电等自然现象有所感知,并在为生存而斗争的过程中,逐步改变了遗传基因。随着简单生命逐步进化为复杂的生物,信息能够被更好地感知和处理,也进一步促进了遗传基因的进化,二者始终相辅相成。在远古时代,人类开始有意识地记载DNA进化作用以外的信息,开始在石壁上刻画符号把信息保存下来,让子子孙孙可以通过符号学习如何狩猎,不断地积累经验与改进技术。在亿万年之中,自有态信息得到发展,记忆、语言也进一步产生,智人诞生了。表达含义的符号与概念逐步形成,文字被创造出来,信息开始逐渐被记录下来。从此,信息可以保存在人脑之外,这意味着信息可以跨越巨大的时空。信息的质量也在不断提升,从依赖于人与人之间的口口相传,到传递和处理各种信息的基础设施和能力的相应提升,人类的智能水平在提高,接收、处理信息的能力持续增强。随着记录态信息的不断增加,人类智能水平及发展达到前所未有的高度,生产力也发展到前所未有的水平。在这个过程中,信息既是基础,又是推进器。人类社会的不断发展与信息的不断发展是紧密相连的。

三是变换性。信息是可以变换的,这可以从两个方面来理解。一方面,同种意义的信息可以用不同的载体、不同的方法来载荷。信息和符号之间可以相互转化,文字、语言、代码、电磁波都可以用来表达同一内容的信息。举例来说,法国人约瑟夫·玛丽·雅卡尔(Joseph Marie Jacquard)在1804年发明了提花机,这种机器当时被用来织出美丽的丝绸锦缎图案,以满足人们对美的需求。当时,这是人类有史以来发明的最复杂的机械装置,其关键在于穿孔卡片,需要编织的信息以有孔无孔的相对性存储在穿孔卡上,在穿孔抬线之间,打印出精美的图案。穿孔卡,是简单的符号信息;有孔与无孔,能留存非常复杂的事物的本质,这实际上已经用到了非常超前的二进制的思想,最初的计算机也是利用打孔卡片进行编程的。时至今日,有孔与无孔的表达可以被多种多样的方式所取代,变换的方式能够表达出一致的内核。此外,不同的物质载体[如纸张、胶片、磁带(盘)、光盘]也可以装载相同意义的信息,这些载体可以载荷相同的思想、理论、知识等,它们之间也可以相互变换。

四是时效性。信息的实效性是显而易见的。中国有句谚语“老皇历看不得”,是说不合时宜的东西或做法没有用处;也有一个成语“明日黄花”,是被用来比喻已经失去新闻价值的报道或者已经失去应时作用的事物。天气预报对于普通民众来说,只是短暂有用。咸阳出土的两千年前的秦国军书或者情报,现在看来,也已经失去了传递军事信息的价值。

4. 信息与人类的交互过程

信息可以被识别、度量、存储、传递、共享,在这些过程中,信息被有效地管理并发挥价值。从信息与人类的交互过程中,可以归纳出如下五种属性:

一是可识别性。信息是普遍存在的,它弥散在整个宇宙之中。人类则依靠自己的感觉器官或者借助各种仪器设备实现对信息的感知、接收、识别,进一步地,通过对事物信息的感知与识别来认识世界。显而易见,人类认识世界的客观基础就是信息的可识别性。信息哲学将人类对信息的认识分为五个层次,分别是信息的自在活动、信息直观识辨、信息记忆储存、信息主体创造和主体信息实现。第一层是"信息的自在活动",是指自身存在物在与周围环境相处的过程中,不断异化自身信息,同化环境信息的过程。自在信息构成了人信息活动的最底层结构,为人的认识活动奠定了基础。第二层的"信息直观识辨"是认识信息的起始阶段,是人脑或人的神经系统把自在活动的对象信息转化为主体直观识辨的信息的过程。这个过程也就是通常所说的感知,包括感觉和知觉两种形式。在通过自身活动与外界或对象进行信息交换的过程中,人脑或人的神经系统将外界部分"自在的对象信息"转化为主体直观识辨的信息。这些信息包括环境信息、人自身的行为活动及状态的信息,它们在这个过程中脱离自在状态,上升为"自为信息"。"信息直观识辨"是最初级的信息认识层级,只完成这一步骤,人的意识和能力仅达到新生儿水平,"信息直观识辨"无法带来认识和发展,也就是说,如果主体对对象的感觉和知觉只停留在对对象的当下感知上,而得不到保持和再现,人类是无法前进的。"信息记忆储存"是认识信息的第三层,认识主体对其经验信息的记忆存储,使得对这些经验信息的检验、修正和发展成为可能,也使进一步的认识活动成为可能。认识主体一般具有对其经验信息进行识记、保持和通过再现形成表象的能力，即对其经验信息进行记忆储存的能力。主体的认识不会停留在对对象的当下感知上，但是，也不可能全部的经验信息都被主体记忆储存，总是存在被遗漏或遗忘的经验信息。经过信息直观识辨和信息记忆储存两个层次，信息即成为对对象的直接的、生动的、个别的认识。但对信息的认识仅停留在这两个层次上，很难创造出价值，要经过第四个层次——“信息主体创造”，才能在原有表象信息的基础上，加工改造出新的信息。这种创造新信息的过程就是通常所说的人的思维过程，这种关于对象的新信息的认识具有间接性、抽象性和普遍性的特征。不过，以上所说的几个层次，还没有超出信息认识的范围，因而不算真正完成认识信息的全过程。因为在对信息的认识范围之内，既无法实现认识信息的目的，也无法确证对信息的认识是否成立，更无法修正和发展信息认识。信息认识的目的是指导实践，信息认识的真正作用也是指导实践。信息认识不用于指导实践，就不能发挥其真正的作用，也就不能完成信息认识的任务和整个过程。确证信息认识成立与否，就是通过实践去检验信息主体创造的新信息，看能否把这些新信息变为现实。信息认识的第五个层次，即最高层次，就是“主体信息实现”。在信息主体创造层次上产生的新信息，只有通过实践变为现实，才算完成整个信息认识的过程。通过信息认识来指导实践，发现实践中出现问题或失误的环节或步骤，从而修正和发展信息认识。确定信息主体创造的新信息在哪一点上有缺陷，在哪一点上同信息认识对象的实际不相一致，不断纠正错误，继续实践,从而使信息得到发展。综上所述,“主体信息实现”使信息真正应用于实践中,并使整个信息认识过程趋于完整。信息认识各层次之间存在着递进生成和全面“制导”的交互作用关系。[①]

二是可度量性。信息是一个比较抽象的概念,看不见、摸不着,许多科学家就信息的度量提出过相关理论。其中,香农提出的理论被广泛用于信息学界。香农认为,信息能够减少或消除系统的不确定性,可以用不确定性的变化程度来度量信息,他在不确定性与信息之间建立联系,给出了信息的计量单位——比特。任何信息,都可以被转换成二进制数字 0 和 1 组成的序列。每一个 0 或 1 是信息的基本单元,也是最小单位,它能够用相对性表达一切,任何体系都具有相对性,如同一枚硬币的正反面、开或关、有孔或无孔、有或无等,这些都能够存储 1 比特信息。比特成为信息的通用语言,任何声音、图片、文本等都可以转化成二进制的比特进行度量和操作。这是一个创造性的贡献,使得信息便于管理和控制,也从根本上影响了人类社会的诸多领域。基于先验概率的香农信息量计算在人们的日常生活中已有相当深厚的应用基础。但是,现实生活中所说的信息量和香农的信息量的含义并不完全相同。

这里可以通过一些实例说明。用香农第二定理来计算各种语言中字母所包含的信息量,假定各种语言中的每个字母或字在它们所在的语系中被使用的频率是相等的,那么,将每种语言

---

① 郛焜.试论人的信息活动的层次[J].西安石油学院学报(社会科学版),2000,2:54-60.

的符号总体作为一个信源来考察，将每个字母或字的使用频率代入香农公式，就可以得到每种语言所谓的信息特征。如把英语的26个字母代入，则每个字母的信息量是4.70比特，依此类推，法文的平均信息量是3.98比特，中文的平均信息量是9.65比特。而语言的信息量用这种方式衡量并没有太大的说服力，许多学者认为这是对香农理论的滥用。同样地，如果用香农定理计算蛋白质的信息，那么胰岛素二聚体包含355比特信息，但是，没有多少生物学家能明白这究竟是什么意思。雅各布·贝肯斯坦(Jacob Bekenstein)提出的广义热力学第二定律为任何孤立的物理系统设定了信息的容量限度。他于20世纪七八十年代开始研究宇宙熵界，依此确定特定尺寸和特定质量的物质能够包含的信息量的界限。20世纪90年代，美国斯坦福大学实验物理学家伦纳德·萨斯坎德(Leonard Susskind)提出了全息界的概念，确定了一定体积的物质或能量所能包含的信息量的界限。一个直径为1cm的装置，理论上可以存储高达10^{66}比特的信息量，而最新研究表明，宇宙可能包含约6×10^{80}比特的熵。斯蒂芬·霍金(Stephen W. Hawking)得出黑洞熵值和视界表面积之间的比例关系是：黑洞的熵值恰恰是按照普朗克表面积丈量的视界表面积的1/4。再根据玻尔兹曼公式和香农公式的关系，物理学家得出：黑洞视界的面积就是黑洞所具有的信息量。一个直径为1cm的黑洞的熵值约为10^{66}比特，这相当于一个边长为100亿千米的立方水柱的热力学熵。黑洞的信息量可以被轻易求得，但是，它代表的意思却并没有被解释清楚。从以上例子中可以看出,按照香农理论度量信息,并不总是具有实际意义的。有部分学者提出了“信息丰度”的新概念,它代表某种含量的丰富程度,比起信息量,它比较模糊,但是模糊比清晰更好做解释,即便它很难被计算。试图突破传统香农信息计量理论的探索很多,包括钟义信的全信息理论、费希尔的信息估计理论、巴尔金的“信息受托人”理论等[①],这仍是一个有待科学家们进一步研究的问题。

三是可存储性。信息是可以存储的。人类存储信息,主要是通过对信息载体的存储来实现的。图书、期刊、资料、档案、磁带、磁盘、光盘等存储了大量信息。通过存储信息可以实现信息的累积。人类存储信息的目的是利用信息。为了日后能方便、有效地利用信息,人类创造了一整套加工处理信息的技术和方法,以实现信息的有序存储。信息可以存储,但是信息不可以无限存储。随着计算机的发展,人们的信息存储能力越来越强大,并且对高密度存储习以为常。从“沉重”的古代书籍竹简,到后来的纸书,再到现代的磁盘,信息的存储密度提高了成千上万倍。虽然存储的密度不同,但是其代表的信息是完全一样的。尽管信息存储的密度随着技术的发展在不断提升,但是这个密度是有上限的。有理论认为,黑洞是世界上最高效的信息存储器件,其包含的信息量,正比于黑洞视界的表面积。

四是可传递性。信息的产生与信息的传递是联系在一起

① 闫学杉.信息科学:概念、体系与展望[M].北京:科学出版社,2016.

的，是不可分割的。信息是事物的本质、特征和运动规律的反映。信息在信源和信宿之间通过一定的信道（媒介或载体）传递，为信宿（人或仪器设备）所感知和接收。这种传递包括信息在时间上的传递和在空间上的传递。在多数情况下，信息的传递依赖于信息载体的传递，并伴随着对信息的处理、转换和存储。信息既不是物质，也不是能量，但必须指出，信息的传递离不开物质和能量。在信息的传递过程中必定有一定的物质及其运动的传递或变换，以及能量的传递或能量形式的变换。例如，电报、电话、电视、广播等现代社会信息传递的方式都离不开物质和能量的传递和变换。信息必须由物质来承载，同样，信息的变换和传输也必然有对应的物质世界的改变。

信息传递是有限制的，物理学中的狭义相对论对信息理论的重大贡献就是，它严格限定信息传输的最高速度就是真空里的光速，这是现实世界对信息传输做出的根本性限制。同时，信息的传递除了速度限制还有带宽的限制。所谓的带宽，就是单位时间内信息源和目标之间能够传递的比特数，也就是信息量。在需要大带宽的场合，虽然传输速度不能超过光速，但是可以使用更高密度的传输，也就是发送大量的携带信息的物质。这就像虽然公路是限速的，但是如果把公路造得更宽阔，就可以通过更多的车了。然而，因为前面所说的信息存储密度是有上限的，所以传输带宽必然有限。假设当公路造的宽度都超过长度的时候，就无助于继续提升车的通过量了，因为车从道路两侧的一边开到另外一边的距离已经超过整个公路的长度了。信息传输也是一样的，任何信道都有其传输带宽的上限。此外，信息通道的带宽还会受到发送节点和接收节点的处理能力的限制。人们为了拓展带宽，可以在两个节点中间增加更多的信道，当然，这么做仍然不能让带宽无限加大。

五是可共享性。如果你有一种思想，我也有一种思想，我们相互交流，我们就都有了两种思想，甚至更多。这说明信息不会像物质一样因为共享而减少，反而可以因为共享而衍生出更多。一般的物质、能量资源为所有者拥有，在交换或使用的过程中实现了所有权或使用权的转移，转让方失去，受让方获得，这种交换和转移遵循一定的原则，如等价交换原则等。而信息却具有可共享性。同一内容的信息可以在同一时间或不同时间为两个或两个以上的信宿获得、使用。在传递、交换信息的过程中，受让方获得了信息，而转让方并没有失去信息。可共享性是信息区别于物质和能量的重要特征。当然，不同信息的共享范围是不同的，而且信息的共享往往是有条件的，在特定的条件下，对于特定的信息并不实行共享。但是，这些并不否定信息具有可共享性。①

（二）数据的属性

1. 数据与物质的区别

数据不同于一般的物质而存在，从数据与物质的区别来说，

---

① 邹志仁.信息学概论[M].2版.南京:南京大学出版社,2007.

可以归纳出如下三种属性。[①]

一是可标识性。自然界中的物质，一个是一个，所谓相同的两个东西是指同质化的两个东西。例如，面对两杯水，可以说"相同的两杯水"。而对于数据，一个数据的存在和两个相同数据的存在是一样的，"两个相同的数据"的说法意义不大，"两个相同的数据"是表示自然界的一个事物，即一个数据，一般采用"一个数据的两个复本"的说法。关于数据，讨论数据的相似性比讨论数据的相同性更有意义，相似性由相似性函数来定义，可以说"两个相似的数据"。数据的这种特性说明数据是面向值的，即如果两个数据对象有相同的值，则认为它们是一个对象的两个复本。

二是可共享性。共享是指共同分享，在物理世界中主要是指某样东西被多个人分享。例如，"共享午餐"是指共享者一起吃午餐，但其实每个共享者吃的东西并不一样，同样的东西不可能被吃进两个人的肚子里。数据共享的概念与之有着本质上的不同，数据共享是指同样的数据被多个共享者所拥有，并且每个拥有者拥有完全一样的数据量、数据形式和数据内容，即拥有数据的复本。将一个数据随意复制多个复本是轻而易举的事情，因此，数据是可以共享的，并且拥有数据的人也常常愿意将其拥有的数据拿出来共享。

三是生命周期性。自然界中的物质会老化，有生命周期，而

---

① 朱扬勇，熊赟.数据学[M].上海：复旦大学出版社，2009.

数据不会老化，没有生命周期。数据就其被生产、存储、修改、删除这些过程而言是有生命周期的，但这是该数据在现实中对应的事物的生命周期，不是计算机系统中数据的生命周期。一个数据本身不会随时间的推移而变老变旧。例如，将一张照片数据存放多少年以后，只要载体还存在或者不断替换新载体，这个数据对象本身并不会发生变化，数据不会减少，其质量也不会下降。

2. 数据自然界

数据及其衍生物能够构成一个数据自然界。在数据自然界中，可以归纳出以下三种属性。

一是不可控性。今天，数据呈爆炸式增长，人们已经无法控制它。除此之外，还有大量计算机病毒出现和传播、垃圾邮件泛滥、网络攻击频繁、数据阻塞信息高速公路等，这些都使得人们无法控制数据。

现在的日常生活中，人们在不断生产数据，不但使用计算机生产数据，而且使用各种电子设备生产数据。例如，照相、拍电影、出版图书、刊印报纸等都已经数字化了，这些工作都是在生产数据；又如，拍 X 光片、做 CT 检查、做各种实验等也都是在生产数据；再如，人们出行坐车、上班考勤、购物刷卡等也都是在生产数据；不仅如此，像计算机病毒这类数据还能不断快速大规模地生产新数据，这种大规模随时随地生产数据的情形是任何政府和组织都无法控制的。虽然从个体来看，其生产数据是有目的的，是可以控制的，但从总体来看，数据的生产是不以人的意志为转移的，它是以自然的方式增长的。因此，数据已经不为人类所控制。

二是未知性。在计算机系统中出现大量未知数据是数据自然界形成的基础。未知性体现在：不知道从互联网获得的数据是否正确和真实；在两个网站搜索相同的目标，得到的结果不知道哪个正确；也许网络中某个数据库早已显示人类将面临能源危机，但无法得到这样的知识。

早期使用计算机是将已知的事情交给计算机去完成，将已知的数据存储到计算机中，将已知的算法写成计算机程序。数据、程序和程序执行的结果都是已知的或可预期的。事实上，当时计算机主要用于助力人们的工作和生活，提高人们的工作效率和生活质量。因此，计算机所做的事情和生产的数据都是清楚的。

随着设备和仪器的电子化进程加快，各种设备都在生产数据，于是大量并不清楚的数据被生产出来并被存入计算机系统。例如，自从人类基因组计划开始后，海量的 DNA 数据被存储到计算机系统中，这些数据是通过 DNA 测序仪器检测出来的，是各种生命的 DNA 序列数据。虽然人们将 DNA 序列放入计算机中，但人们在将它们存入计算机时并不了解 DNA 序列数据表达的是什么，有什么规律，是什么基因片段使得人们相同或不同，物种及其基因如何变化，物种基因是否有进化或突变，等等。

虽然每个人只是将个人已知的事物存储到计算机系统中，

但是,当一个组织、一个城市或一个国家的成员都将个人工作和生活的事物存储到计算机系统时,数据将反映这个组织、这个城市或这个国家整体的状况,包括国民经济与社会发展的各种规律和问题,这些事情是事先不知道的,即信息化工作将社会经济规律这些未知的东西也存储到计算机中。

在新型的数字产品方面,数据更是未知的。例如,电子游戏创造了一个全新的世界,这个世界的所有场景角色都是虚拟的,甚至有虚拟的货币。这些虚拟世界的事物又通过游戏玩家与现实世界联系在一起。因此,游戏世界表现出的和其内在的东西在现实世界中是没有的,是未知的。

三是多样性和复杂性。伴随着数据爆炸,越来越多的数据被存储到计算机系统中,数据的类别和数据的形式有很多种,因此计算机系统中的数据是多样的和复杂的。

数据的多样性是指数据有各种类别,如语言的、行业的、空间的、海洋的、DNA 等,也有在互联网中或不在互联网中的、公开或非公开的、企业的或政府的。数据的复杂性是指数据具有各种各样的格式,包括专用格式和通用格式,并且数据之间存在着复杂的关联性。

(1) 数据类别

数据主要有以下类别:

① 私人数据库。这是指存储在个人计算机系统中的数据库,包括个人隐私数据和个人工作数据。个人工作数据内容涉及繁多,可以是工作单位的数据、个人因工作需要收集的数据和

因其他需要获得的数据等。而另一类个人数据常被忽视，即散落在互联网的个人隐私数据。

② 企业数据库。包括企业生产经营数据、客户数据、竞争对手数据、行业数据等，这些数据主要存储在企业的计算机系统中。

③ 政府数据库。这是指存储在政府计算机系统中的数据库。

④ 公共数据库。这主要是指存储在公共网站上的数据。这些数据能够通过搜索引擎访问。

（2）数据的组织形式

数据的组织形式主要有：

① 专用格式数据。有相当多的数据由专用数字化设备产生，如医学影像数据（X 光、B 超、CT 等），还有 GIS、多媒体等数据。这些数据的处理需要专门的设备或专门的软件。

② 通用格式数据。在信息化早期，大多数数据被存储在通用数据库中，由通用的数据库管理系统（如 Oracle、DB2 等）来管理。这些数据库结构清晰，处理方便。

③ 互联网数据。互联网上的数据，其门类和格式繁多，还包括很多数据垃圾、病毒。由于互联网数据的形成，计算机系统中的数据更加显现出自然界的一些特征。

3. 数据的体量

从数据的体量来看，可以归纳出四种属性。

一是规模性。这主要体现在两个维度：样本容量大，样本容量大大超过解释变量的数目,这称为“高大数据”;变量数量多,解释变量的数量超过样本容量的数量,这称为“庞大数据”,是一种高维或超高维数据。这两种数据既给计量经济建模提供了很大的灵活性,也带来了“维度灾难”(Curse of Dimensionality)的挑战。

二是多样性。这是指大数据既有结构化数据,又有非结构化数据。非结构化数据提供了传统数据所没有的丰富信息,极大地拓展了经济学研究的边界与范围。

三是高速性。这是指高频数据甚至实时数据的可获得性。

四是准确性。这是指大数据容量很大,噪声可能很大,因此信息密度较低,这使得统计学的一些基本原理如充分性原理和降维原则,在总结、提取数据信息时就显得非常有用。同时,由于大数据结构复杂、形式多样,信号噪声通常比较大,传统的统计充分性原理和降维原则需要有所创新与发展。

4. 新型生产要素

数据已被作为一种新型生产要素,从这个角度来看,可以归纳出四种属性。

一是非排他性。非排他性即非独占性,即可复制、可共享、可交换、可多方同时使用,共享增值。

二是非竞争性。非竞争性即开发成本高,在动态使用中发挥价值,边际成本递减。

三是非稀缺性。非稀缺性即万物数据化,快速海量积累,总量趋近无限，具有自我繁衍性。

四是非耗竭性。非耗竭性即可重复使用、可组合、可再生，在合理运维情况下可永远使用。

三、数据和信息的关系

数据要素应用于经济和社会领域，需要经历多次处理与挖掘：原始数据的价值无法直接展现，需要将其转化为有价值的信息。因此，我们需要对数据与信息之间的关系进行分析，从基础原理的角度对数据要素如何推进经济发展进行阐释。本部分将从四个角度阐释数据和信息的关系。

（一）信息学角度

1. DIKW 模型

在信息学领域，DIKW 模型是经典的关于数据、信息、知识及智慧的价值链条。它最早由英国诗人托马斯·艾略特(Thomas S. Eliot)提出。1982 年，美国教育学家哈伦·克利夫兰(Harlan Cleveland)在其发表的文章《信息即资源》("Information as a Resource")中引用了艾略特的诗句。后来，米兰·泽莱尼(Milan Zeleny)和罗素·阿科夫对这一模型不断加以扩展。

简单来说，DIKW 模型将数据、信息、知识和智慧纳入一个金字塔形的层次体系，展示上述四者在组织形式上的关系，如图 1-2 所示。

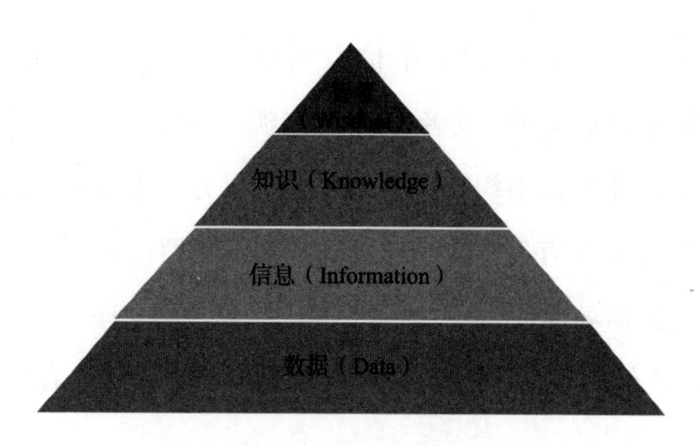

图 1-2　DIKW 模型

实际上,从罗素·阿科夫的定义出发,DIKW 模型蕴含数据、信息、知识和智慧的相关关系。他指出[①]:

数据是与事件有关的一组离散的、客观的事实描述,是构成信息和知识的原始材料。

信息是经过处理且有用的数据,是有意义的、有价值的、有关联的,是回答“谁”“什么”“在哪里”和“何时”等问题的答案。

知识是被处理、组织过的信息,是回答“如何”问题的答案。

智慧属于最高层次,它包含对事物的理解。

如果聚焦于本章讨论的数据和信息的关系,可以发现,DIKW 中的数据是广义的。它可以是数字、文字、图像和符号等,直接来自现实,可以通过原始观察和度量来获得。但同时,尽管数据的存在形式可以多种多样,DIKW 模型中的数据仅代表数据本身,并没有任何潜在的含义。例如,小区燃气表每月的数据,仅仅是一种存在形式,并不具备任何更深层次的意义。

---

① Ackoff R L.From data to wisdom[J].Journal of applied systems analysis,1989,16(1):3-9.

相比之下，DIKW 模型中信息的概念更容易被人接受。它主要聚焦于数据来源（或者是现实来源），可以表示最基本的规律。通过某种方式组织和处理数据要素，分析数据间的关系，原先的数据就变得有意义起来。从 DIKW 模型的定义出发，这种有意义的数据就是信息。这些信息可以回答一些简单的问题，比如“谁”“何时”“在哪里”等，所以有学者也将信息看作被理解的消息。

在 DIKW 模型中，数据和信息的关系可以总结为：“数据是一系列互不关联的事实和观察结果，可以通过选择、排序、总结或其他一些组织数据的方式转换为信息。”[①]（见图 1-3）

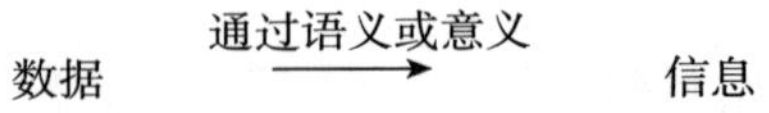

数据 —通过语义或意义→ 信息

图 1-3 数据和信息的关系

吉恩·贝林杰等[②]也提出了类似 DIKW 模型的相关理论，他们将 DIKW 模型置于“联系”和“理解”构成的坐标轴，并把数据作为联系和理解的原点，随着加工的深入（数据—信息—知识—智慧），产物的“联系”和“理解”也会不断增强。（见图 1-4）这里的联系和理解可以视同对现实事物规律准确判断的程度。他们指出：最原始的便是数据，它来自现实，不存在与任何规律的联系，也谈不上理解，但是通过把握数据间的逻辑关系就形成了

---

① Ackoff R L.From data to wisdom[J].Journal of applied systems analysis,1989,16(1):3-9.

② Bellinger G,Castro D,Mills A.Data,information,knowledge,and wisdom[J/OL].(2004-01)[2022-07-22].https://www.researchgate.net/publication/270960137_Data_information_knowledge_and_wisdom_Online.

知识,对规律的判断也会进一步增强。所以,信息是根据关系连接并附有意义的数据,其对现实规律的判断相比数据而言得到了加强。

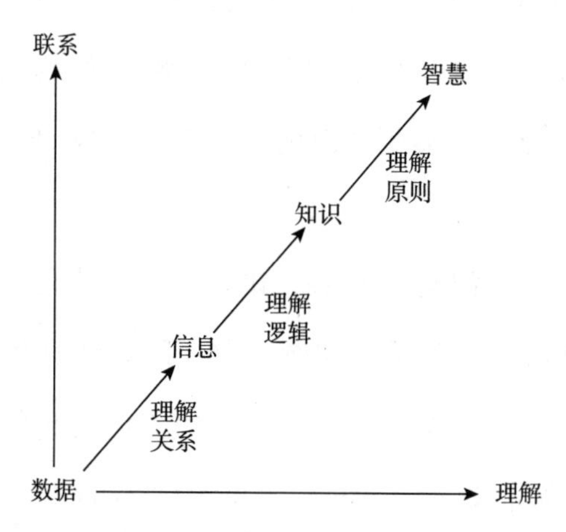

图 1-4　“联系”和“理解”坐标轴下的 DIKW 模型

DIKW 模型从提出到今天已经几十年了,近些年也有相关学者对此模型进行了补充。例如,阿尼亚拉 · 克里香等[①]从 DIKW 的视角定义了数据和信息的关系——数据是从不同传感器得到的原始字节,而信息是通过整合分析数据得到的。(见图 5-1)所以,信息是通过数据分类和重组得到的。

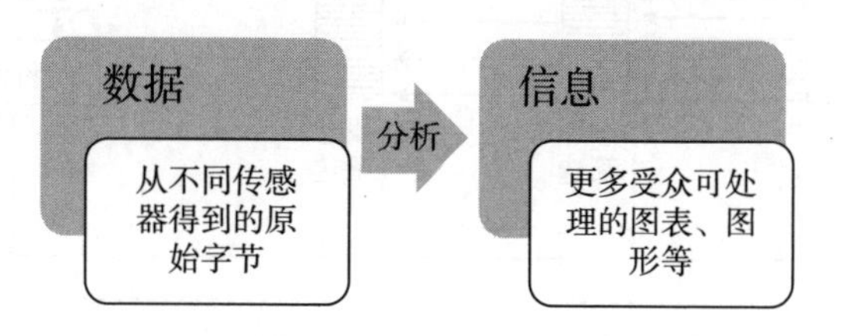

图 1-5　DIKW 模型中的数据-信息关系

---

① Krishen A S,Petrescu M.Analytics from our scholarly closets:the connections between data,information,and knowledge[J].Journal of marketing analytics,2018,6(1):1-5.

2. DIKW 模型的衍生

DIKW 模型作为一个能简洁概括数据、信息、知识和智慧的不同层次关系的模型，具有很深刻的指导意义。但是，随着人们认识的不断深入，一些学者从 DIKW 模型出发，构建出了新的模型。新的模型可以从某些方面更好地概括数据、信息、知识和智慧的关系。

博伊索特等[①]创建了存在“知识反馈”的信息—数据—知识—世界(IDKW)的关系。如图 1-6 所示，信息仍然是凭借知识获取，同时知识也是通过信息得到的。但与传统 DIKW 不同的是，相比简单定义下的“分类”“重组”“筛选”等，新模型揭露了生成下一阶段产物的本质，那就是知识的作用——知识影响数据和信息的获得方式，体现为流程图中的“概念筛选”和“预

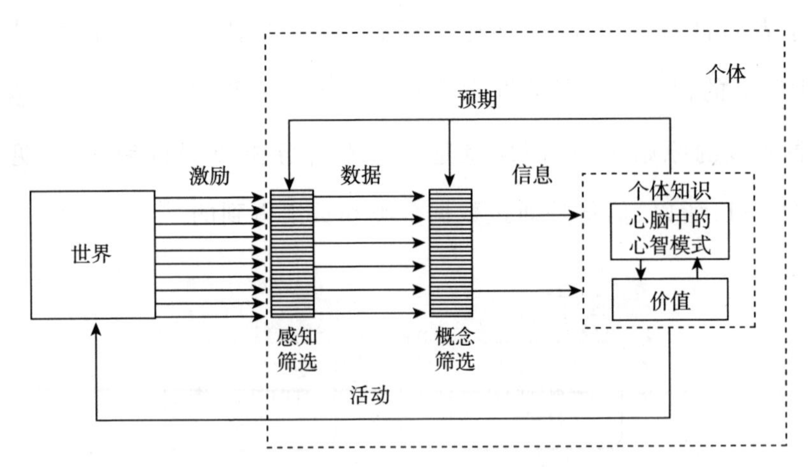

图 1-6 存在“知识反馈”的 IDKW 模型

① Boisot M, Canals A. Data, information and knowledge: have we got it right? [J]. Journal of evolutionary economics, 2004, 14(1): 43-67.

期”。换言之,只有通过知识的调控,才能从数据中筛选出信息,继而从信息中得到知识,知识再反馈于之前的过程,形成反馈的机制。所以,从这个角度来讲,数据和信息的关系为“信息是通过修正某种概率分布从数据中提取的”。这个模型很好地揭示了数据产生信息背后的机制。

(二)数据科学角度

早在20世纪,信息论创始人香农就通过信息熵对信息的本质做出了定义。从通信的数学理论(MTC)以及信息论的角度来看,数据和信息并没有本质区别,它们都是根据不确定性进行衡量的。

近些年,随着科技水平的不断提高,一个新的词语“数据挖掘”逐渐流行,它指的是从大量的数据中通过算法搜索隐藏于其中信息的过程。换句话说,生物产生原始数据,并非产生信息,对其进行加工和解释之后,才能称之为信息。所以从数据挖掘的定义来说,信息来源于数据。

在计算机科学交流网站“PHP 中文网”上曾从计算机科学的角度给出数据和信息的关系:

数据是指对客观事件进行记录并可以鉴别的符号,是对客观事物的性质、状态以及相互关系等进行记载的物理符号或这些物理符号的组合。在计算机科学中,数据是指所有能输入计算机并被计算机程序处理的符号的介质的总称,是用于输入电子计算机进行处理,具有一定意义的数字、字母、符号和模拟量等的统称。

数据是信息的载体,也是传递信息的媒介。对于人而言,可利用符号(文字、数字、语义符号、图形等)作为数据;对于计算机而言,数据的表现形式是二进制。

前文提到,徐晋认为“数据是指对信息的数字化解构”。他提出,在大数据时代,应该对数据和信息有不同的定义和理解。在当今社会,数字化发展迅速,信息价值的重要程度不断提高,所以将数据理解为对信息的数字化分解是恰当而且符合时代背景的。

(三) 语义学角度

瓦利德·萨巴从“获取信息的深刻程度”解释数据和信息的关系。他提出,数据本身无法获取信息,在数据转化为信息的过程中,需要额外的知识作为辅助,“获得信息的深刻程度不同,所需要条件也不同”。[①]

(四) 哲学角度

通常来说,各个学科对数据和信息关系的总结,均能在各自学科中找到一定的合理性。但是在此学科之外,这种理论一般会显现出片面性和局限性。如果非要从宏观的角度大略但不失

---

① Saba, W S. On the winograd schema challenge: levels of language understanding and the phenomenon of the missing text[J/OL]. (2018-10-01)[2022-07-22]. https://arxiv.org/vc/arxiv/papers/1810/1810.00324v1.pdf.

精准地概括这二者的关系，那么哲学层面的概括是合理的。因为哲学是各门学科的总结和概括，它能从更高的层次看待二者的关系。

哲学家对于数据和信息的关系也进行了不同层次的研究。从第三次工业革命以来，人们习惯性地将物质、能源、信息并列为人类社会的三大资源。美国数学家、控制论奠基人维纳在1948年第一次给出了信息在哲学层面的认知："信息就是信息，既非物质，也非能量。"这说明了信息不是什么实体，而是一种特殊的存在——信息被认为是从来就有、无处不在的，是不依赖人类的认识而存在的，具有普遍性和绝对性。从这种思路上看，甚至在人类意识形成之前，或者地球形成之前，信息就已经存在了，只是没有人去感知它和利用它而已。这种信息定义来源于本体论信息。而数据通常被理解为人的产物，只有将人这个认识主体引入，许多本体论信息才能转化成认识论信息，也就是数据。从这种思维方式来看，数据是人类认识的产物，其范围再大，也只是认识论信息中的一种。以信息哲学和信息伦理的创始人卢西亚诺·弗洛里迪（Luciano Floridi）为代表的一派，强调关系论，指出：只有对纯粹的事物关系进行加工或者赋予意义之后，其才能够成为数据。从这种视角看，数据的概念不仅具有很强的当下解释性，而且有极强的包容性和发展性。当然，仍然有一些信息哲学家坚持数据就是客观事物的表征，即数据并不只是人类的产物，它产生于自然界，反映的是客观事物的本质，独立于人的认识。

所以说，关于信息和数据的关系，主要争论体现为关系论和表征论之争。从哲学的角度来看，关系论是说事物的关系是人主观意识的产物；与之相对，表征论排除了人的作用，更强调事物本身的内在关系。将其应用到数据和信息的范畴，就是事实信息是否属于数据范畴的问题。如果数据本身并没有反映事物实际信息的能力，那么数据表达的便是事物的关系，体现其关系性；如果数据本身负载着事物的实际信息，那么说明数据就是在表征事实。

其实，无论是关系论还是表征论，在对数据和信息的认识上并没有本质差异，这二者仅仅是同一个认知框架的两个侧面，如图 1-7 所示。

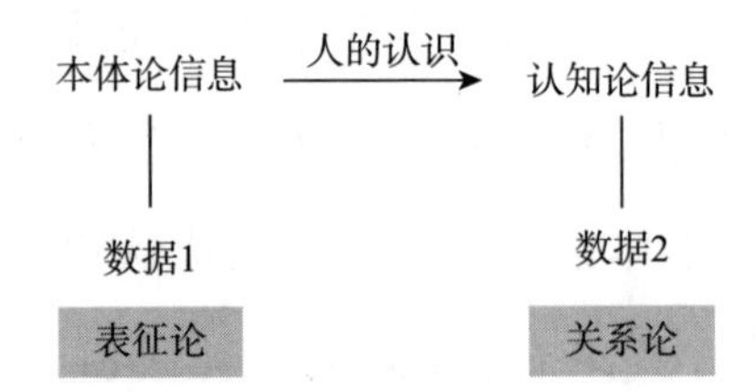

图 1-7　表征论和关系论中数据和信息的关系

从图 1-7 这个认知框架中可以看出，从自然界的事物关系中直接得到的是本体论信息。如果将数据（数据 1）理解为此时的信息，遵从的是表征论的理念。更进一步，在人的认识的加持下，原始的本体论信息经由人的处理变成了认知论信息。此时，将数据（数据 2）理解为认知论信息，则遵从的是关系论的理念。总而言之，在线性的认知框架中，表征论坚持数据的自然属性，而关系论认为加工后（经过认识）的数据是恰当的。

近年来,国内的哲学家对数据和信息的关系的定义也均有贡献。通信和信息科学专家钟义信先生是信息论专业出身,经过仔细的思考和总结,他从哲学层面的本体论和认识论的角度探讨了信息和数据的本质及二者之间的关系。

钟义信先生首先从本体论层次和认识论层次来定义信息。他认为,本体论信息是指事物运动的状态及其变化方式的自我表述;认识论信息是指主体所感知(或所表述)的该事物运动的状态及其变化方式,包括这种状态的形式、含义和效用。特别地,同时考虑事物的运动状态及其变化方式的外在形式、内在含义和效用价值的认识论层次的信息可称为“全信息”。信息是物质的一种属性,它不同于消息,也不同于信号、数据、情报和知识。事实上,他认为信息的外在形式、内在含义和价值效用三个因素应有机地进行统一处理,否则就不可能理解信息的本质。

至于数据,他则借助信息做出定义,认为“数据实际是记录或表示信息的一种形式,不能把它等同于信息”。香农的信息论只考虑了信息的形式,舍去了信息的内容和价值。显然,从哲学上看比从通信、计算机、数据库技术上看,更能看清信息和数据的本质,也可以看清二者的逻辑关系。“数据是记录信息的一种形式”,而不是唯一的形式,世界上存在着大量的非数据信息。换言之,记录信息有多种形式,除了数据外,还有其他记录形式,其他记录形式加上数据才能反映全部的信息。所以,数据仅仅是信息记录方式的一个子集,只是其中一种记录形式。

四、数据和信息的管理

针对数据要素与信息的管理问题，这一部分从产权管理和企业管理两个侧面举例进行简单的叙述，后续章节将全面阐述数据要素的产权、安全等相关问题。

（一）产权管理："消费者所有权"产生的社会福利要好于"企业所有权"

从经济学视角出发，直观且简洁的解释是：假设医院有一种算法可以训练带有病理报告和癌症标记的医疗数据，其中，每家医院都使用自己数据库中所有患者的医疗数据来训练算法。

如果是"企业所有权"，那么由于数据的范围经济等性质，企业（医院）间会进行数据交易。由于交易后的产权分散等，数据的边际成本在完全竞争市场中可以降低至0。在这种情况下，每家医院都可以使用所有患者的数据。这种情况如果长期存在，可能会导致创造性的消失（企业之间没有生产要素的比较优势，仅需要一个最优的算法，可能会导致市场垄断）以及消费者的无福利。

相反，如果是"消费者所有权"，即消费者拥有自己的医疗数据并将其出售给企业（医院）。企业（医院）之间的数据交易被遏制，只能在可选择的有限数据集中实现最大化生产，这可能会更接近社会福利最大化。

（二）企业管理：数据和信息的管理重点应当有所区别

数据是一种客观存在，更确切的说法是，它是原始资料（Raw Data），它本身没有任何意义和价值。大多数互联网企业在管理数据上往往会出现两个问题：

一是数据存在缺失。数据缺失是互联网公司普遍存在的现象。原因在于目前公司所拥有的数据主要来自各业务系统，而业务系统是为完成特定业务而设计的，这导致决策所需的一些相关数据是缺失的。

二是数据采集的无效性。这主要体现在互联网公司"广撒网"的数据收集方式导致的低效性，即无法有针对性地筛选目标用户的有效数据。

所以从数据管理方面来说，一般需要互联网公司基于经营决策对数据进行统一的规划，进而确定公司需要哪些数据、如何采集、以什么方式记录。只有做到程序上的严谨细化，才能解决数据缺失和采集无效性的问题。

信息是被组织起来的数据，是出于特定目的对数据进行处理和建立内在关联的，从而让数据具有意义。对于绝大多数的互联网企业而言，发展的重点在于数据转化为信息的阶段，即将数据转化为信息（有用数据）的分析能力。

有一定规模的企业现在都拥有大量的数据。例如，从一家互联网公司各业务系统导出来的数据，就达数千万行之多。所以在信息管理方面，真正需要解决的问题是如何从大量数据中看到数据之间的联系，并且将它们组织成有意义的信息。

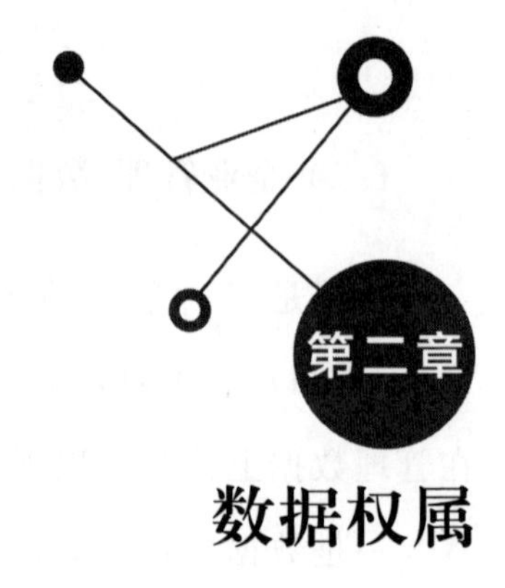

数据权属

一、 数据权属的概念辨析

“权属”,简言之即权利归属。所谓“数据权属”问题,是从法律视角来讨论数据是否可以产生可确认的产权和利益,以及这种权益应当归属于谁。我国民事法律权利体系中,有人身权与财产权两大权利类型。人身权依附于人身存在,与人身直接相关、不可分离,故不存在权利归属的界定;所谓权属仅针对“以财产为标的,以经济利益为内容”①的财产权。

而在我国大陆法系的法律传统下,“权属”一般指向狭义的财产权——“所有权”,即所有者在法律范围内并受法律限制的情况下,享有物之使用、收益和处分之完全和排他的权利,其特征是完全性、排他性和持久性。

数据要素的权属之所以难以界定,是因为数据在其利用上

① 江平.民法学[M].2 版.北京:中国政法大学出版社,2011.

具有非客体性、非财产性、非排他性和非竞争性,这与大陆法系中所有权的绝对性、对世性存在天然的冲突。除此之外,数据确权困难的原因还包括现有民事权利客体框架理论无法容纳数据权利的体系构建,因而不承认数据作为法律权属对象的"外在物"的属性。[①] 与此同时,从历史的角度看,物权规范、合同规范、知识产权规范、反不正当竞争规范等制度框架的构建源自大数据时代之前的立法,其对数据权属的探讨既没有触及数据运作的底层逻辑,也没有涉及数据全生命运作周期的核心链条,数据属性往往高度依赖于具体场景,在不同的场景中对于不同的对象而言,数据可能分属不同类型,无论是既有规范适用还是新型权利理论均回避了数据权利诉求的实质,只能非常有限地回应数据权利诉求,因此缺乏能够覆盖新兴数据确权需要的统一学说及解释。

(一) 多角度探讨"数据权属"议题

当前,"数据权属"是一个热议话题,但由于不同主体对"数据权属"概念的理解具有多元性,因此关于该议题的讨论也容易陷入发散状态。在既有讨论中,对于"数据权属"的关注包括以下几个方面:

一是数据和信息的概念界定问题,包括什么是数据,数据和信息两个概念之间有何区分和联系。从不同学科视角出发,数

---

① 彭辉.数据权属的逻辑结构与赋权边界:基于"公地悲剧"和"反公地悲剧"的视角[J].比较法研究,2022,1:101-115.

据与信息相互交织、相互关联，但主流观点认为数据是信息的存在形式或载体，信息是有意义的数据。在具体的议题讨论中，如在个人信息保护领域，对于数据与信息仍有不同主张，有的学者认为两个概念可以混用，但多数认为个人信息主要对应信息内容层面的规制，承载着个人的人格权利，应当与个人数据所承载的财产性利益相区分。

二是对数据类型的划定，也就是不同类型数据的权属问题。是从主体性的角度划分成个人数据、政府数据、企业数据，还是从数据处理流程的角度划分为原生数据和经加工处理的衍生数据？关于数据权属，一条较为简便的路径是基于数据类型对相关权属问题进行分类讨论，以便更为快速地梳理出共识部分，并识别出那些仍有争议的部分。例如，对于个人信息，其所涉及的个人的人格权利，应当由本人（数据主体）来行使，这在法学领域基本没有争议。数据权属问题的讨论，实质上集中于由单个信息形成的数据集合的权利归属问题。这些数据集合又因为存在于私营领域（市场）和公共领域（政府），形成了两类讨论话题：一类是企业数据权属问题，另一类是公共数据权属问题。

三是对权利指向的讨论。具体包括："权"是指传统法律体系中的物权（特别是物权中的所有权），还是知识产权；是个人信息保护法中的个人权益，还是竞争法中的企业竞争利益，抑或是一种全新的数据权利。

四是对归属问题的讨论。"权利/权益归属于谁？"这一设问是否意味着答案本身必须具有排斥性，如归属于甲，则乙无法享有；数据权属是否可以有多元权利并存的路径；等等。

正是上述多元化的理解，让“数据权属”的讨论呈现出“横看成岭侧成峰”的景象。对于数据权属的探讨将会持续，其背后共通的是对个人权利、意思自治、契约精神等基本原则的遵循。作为一种新型生产要素，数据要素的价值是在流动和开发利用过程中实现的，附着着多元主体的正当利益。因此，数据权属要解决的不是单一所有权的归属，而是确定哪些利益需要保护，构建科学的数据权利体系，形成不同利益主体之间的激励相容。[①]

（二）国内关于“数据权属”的讨论的两个阶段

国内关于“数据权属”的讨论可分为两个阶段。第一阶段起始于 2014 年，讨论是在大数据应用与产业蓬勃兴起，各地纷纷成立大数据交易所的背景之下形成的。[②] 自 2014 年，全国各地开始建设数据交易机构，提供集中式的数据交易场所和服务，以期消除供需双方的信息差，推动形成合理的市场化定价机制和可复制的交易制度。2014—2017 年，国内先后成立了 23 家由地方政府发起、指导或批准成立的数据交易机构。从当时的认识来看，数据交易的前提是清晰的产权归属。[③] 例如，贵阳大数据交易所制定的交易规则就明确指出：“数据买卖双方要保证数据

① 唐要家.数据产权的经济分析[J].社会科学辑刊，2021，1：98-106.

② 于融，易泓清，数据权属大讨论中的共识凝聚[EB/OL].（2021-06-23）[2022-2-27].http：//tisi.org/18958.

③ 王融.关于大数据交易核心法律问题：数据所有权的探讨[J].大数据，2015，1（2）：49-55.

所有权，合法、可信、不被滥用。”数据交易市场的发展，迫切需要数据权属理论的支撑。[①] 这一阶段涌现的观点，主要围绕数据的法律属性、不同权利之间的关系。学者尝试借助传统法律理论，如物权法、知识产权法相关理论，来确立企业对其数据享有的权益。

第二阶段始于 2019 年，此阶段的讨论是在将数据作为与土地、劳动力、资本、技术并列的生产要素的大背景下展开的。党的十九届四中全会首次明确数据可作为生产要素按贡献参与分配。党的十九届五中全会，以及中共中央、国务院发布的《关于构建更加完善的要素市场化配置体制机制的意见》《关于新时代加快完善社会主义市场经济体制的意见》，进一步明确了数据作为生产要素的基础和战略性地位。为促进数据的开发利用，迫切需要进一步厘清数据权属问题，发挥市场激励机制作用，释放数据价值效应。随着《中华人民共和国民法典》《中华人民共和国个人信息保护法》《中华人民共和国数据安全法》等的公布施行，法律对个人信息、数据的定义日益明确，这使得对“数据权属”的讨论在法律层面有了更多的确定性。

（三）数据与信息：“数据权属”问题的基本讨论点

1. 数据是载体，信息是语义内涵

数据和信息的概念以及两者的关系可以从不同的学科视角

---

① 数据交易市场发展到今天，正从传统的数据交易过渡到以数据服务为重点，正如北京国际大数据交易所宣传的，区分数据所有权和使用权，推进“数据可用不可见”。

进行讨论,本书第一章已经就数据和信息的概念及相互关系展开详细论述,此处则偏重讨论数据和信息在法学领域的概念与意义。比如,从哲学的角度来讲,数据是指人们为了描述客观世界中的具体事物而引入的数字、字符、文字等符号或符号的组合;信息是与一些描述性元素结合在一起的数据,由符号组成,如文字和数字,但是赋予其一定意义后,它就有了一定的用途和价值。计算机领域的专家认为,数据是在科学研究、设计、生产管理及日常生活等各个领域中,用来描述事物的数字、字母、符号、图表、图形或其他模拟量,它所包含的信息要能够进行计算、统计、传输及处理;而信息是指所有可以通过视觉、听觉、嗅觉、味觉、触觉等感官获取并可以以文本、图形图像、音频视频等格式记录的内容。情报学专家则认为,数据是事实的数字化、编码化、序列化和结构化;信息是数据在信息媒介上的映射,是有意义的数据。① 因此,有的学者将数据与信息的关系表述为:数据(Data)+关联性(Relevance)+目的(Purpose)=信息(Information)。也有学者从信息链理论的角度出发,认为信息是有意义的数据,知识是可解释的信息。从以上学科的讨论来看,数据与信息相互交织、相互关联,多学科关于信息和数据的观点虽然在客观上深化了对二者的认知,但二者错综复杂的关系,使其含义难以确定,且这些理论研究不是从法律角度出发的,于法学研究

① 化柏林,郑彦宁.情报转化理论(上):从数据到信息的转化[J].情报理论与实践,2012,35(3):1-4.

而言意义有限。[①]

而从法学领域的讨论来看，单纯讨论数据和信息概念的文献比较有限，其中引用比较多的是梅夏英对数据的定义：数据表现为存在于计算机及网络上流通的在二进制的基础上由0和1组合的比特形式，无法脱离载体而存在，数据的交易也必须依附于平台、代码、服务协议、交易合同这些技术和法律关系的整体性交易过程，不可能独立完成。[②]《信息技术 词汇 第1部分：基本术语》（GB/T 5271.1—2000）中对数据和信息的定义被广泛引用。信息是指"关于客体（如事实、事件、事物、过程或思想，包括概念）的知识，在一定的场合中具有特定的意义"，而数据是"信息的可再解释的形式化表示，以适用于通信、解释或处理"。

2. 数据与信息的复杂关系及其法学争议

关于数据和信息的区分，法学领域也多有讨论，大部分学者认为数据和信息从内涵来看是有区分的，并认同其他基础性学科对数据与信息关系的初步判断。

在此基础上，有的学者认为，在特定的法学议题的讨论中，二者可以被混用。如梅夏英认为：从概念上讲，数据和信息在本体和载体、依存关系和运行规律等角度有所区别，但是数字技术使二者的区分更加模糊。而在法律上，信息和数据概念的区分

---

① 韩旭至.信息权利范畴的模糊性使用及其后果：基于对信息、数据混用的分析[J].华东政法大学学报，2020，23(1)：85-96.

② 梅夏英.数据的法律属性及其民法定位[J].中国社会科学，2016，9：164-183.

具有相对性。在数字技术条件下,信息和数据在概念上并没有进行严格区分的必要性;大多数情形下,信息和数据概念的混用不会引起理解上的偏差。但梅夏英也补充道:从信息数据纠纷类型来讲,当事人的利益诉求可能会导致法律问题类型的差异,而不同类型的法律问题应当运用不同的解决方法。根据当事人的利益、诉求以及寻求的救济进行判断,可以将信息数据问题区分为三种类型,即纯粹信息问题类型(如个人信息保护)、纯粹数据问题类型(如企业数据的法律保护),以及信息与数据问题混合类型(如数据的不正当竞争)。其中,纯粹信息问题的重点在于信息内容的规制;纯粹数据问题的重点在于维护计算机和互联网工具系统中的合理数据操作秩序,通常表现为数据访问和控制秩序;混合类型则是两种诉求都有所体现。[①]

韩旭至则认为,数据与信息是不同的法律概念,具有不同的法律特征,术语的混乱使用可能造成权利设定和司法保护的双重危险。他提出,莱斯格理论[②]中的代码层对应法律中的数据,内容层对应法律中的信息,从宏观静态的角度看两者指向不同的权利客体和问题类型,但是从微观动态的角度看,两者又存在动态转化的可能性。[③]

此外,法学界对数据和信息关系问题的讨论,通常会结合特

---

① 梅夏英.数据的法律属性及其民法定位[J].中国社会科学,2016,9:164-183.

② 劳伦斯·莱斯格.思想的未来:网络时代公共知识领域的警世喻言[M].李旭,译.北京:中信出版社,2004.

③ 韩旭至.信息权利范畴的模糊性使用及其后果:基于对信息、数据混用的分析[J].华东政法大学学报,2020,23(1):85-96.

定的法学议题,依据信息类型予以展开。其中,关于个人信息和个人数据的讨论具有代表意义。如在个人信息保护领域,是否应当区分个人数据和个人信息,目前并没有形成一致结论。比如程啸认为,在大数据时代,无法将数据和信息加以分离而抽象地讨论数据上的权利,个人信息问题实际上包含了个人信息的数据权利问题。大数据时代,个人信息的权利与个人数据的权利是一回事。[1]

但是,也有学者认为,从权利客体的角度来讲,个人信息和个人数据应当予以严格的区分,其中比较典型的代表如申卫星,他认为:个人信息属于人格权益的范畴,以人格属性的内容作为保护对象;而个人数据则是将个人信息以电子化形式记录的客观存在作为保护对象,属于财产权范畴。这一区分可以避免人格权和财产权之上不同价值的直接冲突,其中个人数据财产权侧重于静态固定下来的电子记录,而不是动态反映个人特征的信息内容。[2] 吕炳斌也持类似观点,他认为:应当将内容层面上的个人信息和载体意义上的数据加以区分,数据可能属于无形财产权的保护客体,而个人信息则可能属于人身权的保护客体。[3]

还有部分学者主张数据和个人信息的区分,但是区分的重

---

① 程啸.论大数据时代的个人数据权利[J].中国社会科学,2018,3:102-122;张新宝.从隐私到个人信息:利益再衡量的理论与制度安排[J].中国法学,2015,3:38-59.

② 申卫星.论数据用益权[J].中国社会科学,2020,11:110-131.

③ 吕炳斌.个人信息权作为民事权利之证成:以知识产权为参照[J].中国法学,2019,4:44-65.

点在于强调个人信息保护的内容属性。如纪海龙认为:个人信息法律问题实际上是隐私、人格权以及宪法中的人格尊严与其他法益或基本权利(尤其是表达自由与经营自由)相互碰撞和衡量的问题,因此,个人信息法律问题与单纯的数据文件法律问题应严格区分,两者实属不同的问题场域。① 梅夏英区分问题类型时也强调,个人信息保护问题是纯粹的信息问题,重点在于对信息内容的规制。②

综上,法学领域对于数据和信息的讨论与其他学科的认知较为一致,即承认数据和信息的差别,特别是载体与意义本身之间的区分,但在具体的法学议题讨论中,如在个人信息保护领域,仍有不同主张,有的学者认为两个概念可以混用,但多数学者则主张从人格权利和财产利益两个角度来对个人信息和个人数据加以区分。

(四) 权属理论应用于数据领域的难点

数据要素本身的复杂属性得到普遍承认,很难借助单一的权属理论"一刀切"地解决数据权属问题。

作为数字经济时代涌现出的新型生产要素,数据的利用流通涉及生产关系的各个环节。一切信息皆通过数字化技术,以数据的形式实时传输与处理。数据承载了多种权利义务关系,

① 纪海龙.数据的私法定位与保护[J].法学研究,2018,40(6):72-91.

② 梅夏英.数据的法律属性及其民法定位[J].中国社会科学,2016,9:164-183.

是个人、企业和组织之间复杂社会关系的映射。[①]

从适用法律看，数据打破了公域与私域、公法和私法的二元划分，牵涉国际、国内不同场景，很难通过单一的权属理论予以处理。尝试用单一理论绝对化处理"数据权属"问题，会引发许多争议。例如，2016年6月公布的《中华人民共和国民法总则（草案）》曾将数据信息作为知识产权的客体，与作品、专利、商标等并列，这引发了广泛的争议。因此，在2021年1月1日正式实施的《中华人民共和国民法典》文本中，数据从知识产权客体中移除并独立成条（第一百二十七条）："法律对数据、网络虚拟财产的保护有规定的，依照其规定。"最终的条文围绕数据做出了一种更具有宣誓意义的敞口规定，为未来继续探索数据的权利属性留出了空间。

此外，尽管对数据权属的界定存在一定困难，各派研究触角广泛，歧见纷呈，但整体上，都基于下述三条原则，这也使得数据成为权利客体变成一种可能。第一是投入界权原则，该原则可通俗地表达为"谁收集，谁投入，谁拥有"。数据作为信息集合，经收集聚合而成，收集者在时间、资金、管理等方面有所投入，且作为数据集合的投入者，通常都是单一和清晰的，能够给予清晰的界定，因而从该角度出发，数据权属的界定应是清晰的。第二是分层界权原则，即数据信息有个体信息与整体信息之分，但两

---

① 王融，易泓清.数据权属大讨论中的共识凝聚[EB/OL].(2021-06-23)[2022-2-27].http://tisi.org/18958.

者在界权上可以各行其道、互不干扰，即个体权利的独立并不影响整体权利的构成，整体权利归属于数据收集处理者，而个人权利即个人信息权仍由个人独立享有并按照法律规定和约定行使。第三是责任界权原则，即"谁的行为，由谁承担责任"，在数据的后续转让和使用中，数据所有人仍须尊重个体权利，因违反法律规定或者约定侵害个体权利的，数据所有人应当承担责任。因此，在明确了数据权属的界定原则后，数据具有了作为权利客体的可能。[①]

梅夏英认为数据以比特的形式存在，无法为民事主体所独占和控制，因此无法成为民事权利的客体。[②] 吴伟光也认为，相关个人对个人信息这种大数据的产生既没有劳动贡献也不存在独占性，那么对这种大数据的财产权主张就没有了正当性。[③]

但是，大部分学者认为这种非排他性和非竞争性并不否认对数据确权的必要性，只是对数据权利的类型和内容会产生影响。

程啸认为，数据能否成为权利客体不在于自身的特性，而在于法律是否有必要将其作为某种民事权利的客体，立法者可以通过法律规定赋予民事主体对数据某种垄断的专属权利而人为

① 孔祥俊.商业数据权：数字时代的新型工业产权：工业产权的归入与权属界定三原则[J].比较法研究，2022，1：83-100.

② 梅夏英.数据的法律属性及其民法定位[J].中国社会科学，2016，9：164-183.

③ 吴伟光.大数据技术下个人数据信息私权保护论批判[J].政治与法律，2016，7：116-132.

地制造稀缺性。[①]

而知识产权领域的学者则认为，数据的这种属性使知识产权成为数据权利制度设计更好的参照物。如崔国斌认为，数据这类无形物的非竞争性导致了以物权法为参考的权利机制并不科学，以物权机制作为模板来制定大数据集合的产权保护规则，不过是将知识产权法重新发明一遍，很容易陷入过度保护的泥潭。[②] 而纪海龙认为，通过技术手段，数据可以实现物理上的排他性；通过法律手段（类似知识产权）也可以形成规范上的排他性。[③] 吕炳斌则认为，非竞争性和非排他性的数据与知识产权的客体具有相似性，因此在权利结构、权利化路径上应当参照知识产权进行制度设计。[④]

二、各类数据的权属问题

（一）个人数据权属——数据处理中的基本权利归属个人

1. 个人数据权利的性质与内容

个人数据权利旨在保护隐私权等基本人权和自由，关涉人性的尊严与人格的自由发展。倘若自然人不能基于自己的意思

---

① 程啸.论大数据时代的个人数据权利[J].中国社会科学，2018，3：102-122.

② 崔国斌.大数据有限排他权的基础理论[J].法学研究，2019，41(5)：3-24.

③ 纪海龙.数据的私法定位与保护[J].法学研究，2018，40(6)：72-91.

④ 吕炳斌.个人信息权作为民事权利之证成：以知识产权为参照[J].中国法学，2019，4：44-65.

自主地决定个人数据能否被他人收集、储存并利用,无权禁止他人在违背自己意志的情形下获得并利用个人数据,则个人之人格自由发展与人格尊严就无从谈起。因此,自然人对个人数据的权利属于基本人权,个人数据保护被视为具有宪法意义。

程啸认为,在大数据时代,在法律上赋予自然人对个人数据的权利是为了保护自然人对其个人数据被他人收集、存储、转让和使用过程中的自主决定利益。此种利益具体表现在三个方面:第一,知悉个人数据被收集、被基于何种目的加以收集,以及使用的目的、方式、范围,并基于此加以同意的利益;第二,知悉个人数据被转让,在未经同意的情况下拒绝转让的利益;第三,查询个人数据,在个人数据出现错误或遗漏、缺失时要求删除、更正或补充的利益。个人数据权益本质上是一种防御性或消极性的利益,并不作为绝对权而享受如人格权、所有权那样的保护强度。其权能体现为停止侵害请求权、查询更正权、损害赔偿请求权。[①]

也有部分学者认为,个人信息权利兼具人格权和财产权的属性。如龙卫球认为,从用户的角度而言,其作为初始数据的个人信息事实主体,可以被赋予基于个人信息的人格权和财产权双重权利。个人信息的人格权和财产权在配置上相互分立,各自承载或实现不同的功能。其中,信息人格权近似于隐私权,又应当区分敏感信息和非敏感信息,在受保护程度上,前者严格于后者;而信息财产权则近似于一种所有权地位的财产利益,用

① 程啸.论大数据时代的个人数据权利[J].中国社会科学,2018,3:102-122.

户对其个人信息可以在财产意义上享有占有、使用、受益甚至处分的权能。[①]

申卫星基于信息和数据的区别,认为应当区分个人信息的人格属性和财产属性,对二者分别赋权。个人信息属于人格权益范畴,以人格属性的内容作为保护对象,而就个人数据而言,应当分辨数据得以产生的创造者(如自然人上网记录的创造者是自然人),赋予原发者以数据所有权,通过细致的财产规范和自由的处理规则促进要素市场的发展。[②]

吕炳斌则认为,个人信息中的财产利益保护可以借鉴知识产权的权利结构构建为一种绝对权。其权利内容大致可以包括三个方面:个人信息利用知情权、个人信息利用决定权以及保护个人信息完整准确权。[③]

2. 个人信息保护与个人数据权属

张新宝指出,在大数据时代,“个人信息”和“个人数据”的意义和内涵相同,均指代那些可用于单独或与其他信息对照从而识别特定的个人信息。[④]

进一步地,就个人数据能否成为民事权利的客体这一问题而言,目前的讨论中,大部分学者认为个人数据可以成为民事权

---

① 龙卫球.数据新型财产权构建及其体系研究[J].政法论坛,2017,35(4):63-77.

② 申卫星.论数据用益权[J].中国社会科学,2020,11:110-131.

③ 吕炳斌.个人信息权作为民事权利之证成:以知识产权为参照[J].中国法学,2019,4:44-65.

④ 张新宝.从隐私到个人信息:利益再衡量的理论与制度安排[J].中国法学,2015,3:38-59.

利的客体。而将数据作为一种新的民事权利可以实现保护个人的民事权益及促进数据流动与利用的双重目标。①

吕炳斌也认为,借鉴知识产权的行为规制权利化路径,可以将个人信息权构建为一种保护强度适中的绝对权、排他权。②

也有少数学者认为,个人数据不应成为民事权利的客体。

比如,梅夏英基于数据与信息的区分认为,对于信息本身的保护着眼于信息的意义,应当适用既定的法律规则。具体到个人信息保护领域,利用个人信息产生的经济效益完全可以通过合同关系得到充分的解释,无须设立个人信息财产权来解决相关问题。而从数据这个层面看,一方面数据无法被民事主体所独占和控制,缺乏特定性、独立性,无法构成民法上的权利客体;另一方面数据依赖于庞大的工具和行为系统而产生经济价值,因此并不具备独立的经济价值,具有非财产性。因此,数据不能作为民事权利的客体。同时,数据权利化还面临着权利主体不确定、外部性和垄断性等困境。③

吴伟光则认为,如果采取知识产权制度那样的制度性强制排他权(如以行政或者司法救济来强制相关方不得使用个人数据信息的大数据),则会产生很高的制度成本,而其所要实现的制度目的却是不明确的,因为知识产权的制度目的是鼓励创新,

---

① 程啸.论大数据时代的个人数据权利[J].中国社会科学,2018,3:102-122.

② 吕炳斌.个人信息权作为民事权利之证成:以知识产权为参照[J].中国法学,2019,4:44-65.

③ 梅夏英.数据的法律属性及其民法定位[J].中国社会科学,2016,9:164-183.

而个人数据信息不需要制度激励便已产生。[①]

而纪海龙在区分数据文件（代码层）和数据信息（内容层）的基础上认为，法律上应认可主体对于数据文件的利益状态为一种绝对权，而没有必要在数据信息上设定绝对权。因为在数据信息上设定排他性权利可能会出现阿罗信息悖论，也无法促进数据信息公开。但数据文件可以通过技术手段界分和控制并制造事实上的排他性。因此，数据文件可以成为民事权利的客体。[②]

（二）公共数据权属——数据具有公共物品属性

1. 公共数据的内涵及范围

公法视角下，对于数据权属的讨论语境更加复杂，这是因为该领域涉及的术语概念更为多样。在既有文献中，政府和公共、信息和数据这四个词混搭使用，出现政府信息、政府数据、公共信息、公共数据这四个概念。主流观点认为：政府信息（也称为政务信息）是行政机关在履行职责过程中制作或者获取的，是以一定形式记录、保存的信息[③]，主要基于打造透明政府、接受公众监督的需要。而政府数据是政府信息在大数据时代的进一步发

---

① 吴伟光.大数据技术下个人数据信息私权保护论批判[J].政治与法律，2016，7：116-132.

② 纪海龙.数据的私法定位与保护[J].法学研究，2018，40(6)：72-91.

③ 如《中华人民共和国政府信息公开条例》对政府信息的概念给出了明确定义。《条例》第二条规定："本条例所称政府信息，是指行政机关在履行行政管理职能过程中制作或者获取的，以一定形式记录、保存的信息。"

展，强调政府基于履责而收集的原始数据的开放利用。[①] 相对应地，公共信息作为一种公共资源，是指产生并应用于社会公共领域，由公共事务管理机构依法管理，并能为全体社会公众所共同拥有和利用的信息。[②] 公共数据在此基础上，进一步强调数据的公共属性，促进数据的流通分享和社会互通共用。[③]

从包含范围来看，公共数据的范围似乎最为宽泛，学界对其界定大致分为以下三类，范围有逐渐扩大之势。

（1）有学者将公共数据等同于政府数据，是“政府在履行公共管理职责和提供公共服务过程中形成的非专属于行政相对人

---

① 政府信息公开与政府数据开放的关系可总结为“形式相同但功能各有偏重”。在形式方面，信息公开与数据开放都是政府对外发布信息/数据的信息服务形式，都包含保障知情权与促进信息/数据的利用两重目标。然而，二者在国家治理体系中的差异化位置以及“政府—市场—社会”关系的变迁，给信息公开与数据开放赋予了不同角色与治理逻辑。信息公开以保障知情权为首要目标，并为完成这一首要目标而偏重发布信息成品；数据开放则以促进信息/数据的利用为首要目标，为完成这一首要目标而偏重发布原始数据。这一观点为多数学者所采纳，如：宋烁.政府数据开放宜采取不同于信息公开的立法进路[J].法学，2021，1：91-104；郑磊.开放政府数据研究：概念辨析、关键因素及其互动关系[J].中国行政管理，2015，11：13-18。

② 王丹.从“PM2.5之争”看公共信息的发布与监督[J].法学，2012，9：75-81；谭世贵.公共信息公开的理论探讨与制度建构[J].江汉论坛，2016，10：113-121.

③ 我国在制度层面最早提出公共数据开放的概念是在2015年1月，当时国务院印发了《关于促进云计算创新发展培育信息产业新业态的意见》，其中明确提出“开展公共数据开放利用改革试点，出台政府机构数据开放管理规定”；同年7月，国务院印发《关于积极推进“互联网+”行动的指导意见》。此后，《国务院关于印发“十三五”国家信息化规划的通知》《国务院办公厅关于印发政务信息系统整合共享实施方案的通知》《国务院关于印发新一代人工智能发展规划的通知》中均提及公共数据开放的相关内容。在国家的统一部署下，贵州、上海、浙江、福建等地也陆续出台了涉及公共数据开放内容的地方条例或政府规章。上述地方制度或章程直接借用中央文件中的表述，公共数据开放的内涵界定以数据的特征为依据，强调数据的原始性、可机器读取、可供社会化再利用。

的数据”[①]；或从数据权益的角度将公共信息、政府数据视为完全相同的概念，认为它们都是一种具有经济、政治、社会价值的公共资源[②]。

（2）还有学者认为，公共数据的范围大于政府数据涵盖的范围，政府数据仅指公共数据中由政府部门保存和管理的数据，公共数据则属于由国家或者地方自治团体控制和管理的资源。政府发挥公共服务功能并不仅仅依靠自身，大量非政府公共机构乃其主要载体，而这些机构积累的大量数据也是宝贵的国家资源，也需要充分开发利用，这样才能挖掘公共数据最大的效用。因此，将公共数据界定为“全部或者部分使用财政性资金的国家机关、事业单位、团体组织及科研机构等公共机构在依法履行公共职能过程中生成、采集的，以一定形式记录、保存的各类数据资源”[③]。这里的界定虽然从主体上由政府部门扩展到了其他公共机构，但仍然强调此类机构完全或者部分使用了财政性资金，在履行公共职能过程中形成了数据资源。

（3）也有学者认为，公共数据的范围更加广泛：“公共数据包括政府部门委托授权特定私营部门或个体行使特定公共职能过程中收集的数据，以及在具有公共属性的领域或空间中，并非

① 赵加兵.公共数据归属政府的合理性及法律意义[J].河南财经政法大学学报，2021，36(1)：13-22.

② 商希雪.政府数据开放中数据收益权制度的建构[J].华东政法大学学报，2021，24(4)：59-72.

③ 黄尹旭.论国家与公共数据的法律关系[J].北京航空航天大学学报(社会科学版)，2021，34(3)：27-31.

通过政府授权职责产生的但涉及公共利益的数据。”①

郑春燕、唐俊麒从公共性和内容出发，认为公共数据除了包含政务数据，还包括与民生息息相关的医疗数据、交通数据及电力数据、与经济相关的交易数据等，进一步在公共利益、公共资源等广义层面讨论公共数据。② 从数据内容来看，政府数据是公共数据的一部分，供水、供电、供气等职能由企业承担后，相关数据就不再属于政府数据，而是公共数据。③ 公共数据资源的分布范围不再局限于政府这一主体，而是十分繁杂，并非所有的公共数据都属于政府管辖范围。④

结合我国的立法实践，也可以得出公共数据范围大于政府数据范围的结论。随着政府数据开放范围的进一步扩大，公共数据逐渐成为地方立法青睐的新概念。地方政府首先开始了对公共数据专门立法的探索，其中最早采用公共数据概念的文件是浙江省人民政府 2017 年出台的《浙江省公共数据和电子政务管理办法》⑤。该办法将公共数据界定为“各级行政机关以及具有公共管理和服务职能的事业单位，在依法履行职责过程中获得的各类数据资源”，并在附则中规定“水务、电力、燃气、通信、

---

① 胡凌.论地方立法中公共数据开放的法律性质[J].地方立法研究，2019，4(3)：1-18.

② 郑春燕，唐俊麒.论公共数据的规范含义[J].法治研究，2021，6：67-79.

③ 张楠，孙涛，汤海京.电子公务框架下的公共数据资源管理[J].中国行政管理，2008，S1：82-85.

④ 夏义堃.解读政府公共信息资源管理[J].图书馆论坛，2007，1：101-103.

⑤ 2022 年 3 月 1 日，浙江省开始施行《浙江省公共数据条例》。随着该条例的发布施行，《浙江省公共数据和电子政务管理办法》同时废止。

公共交通、民航、铁路等公用企业在提供公共服务过程中获得的公共数据的归集、共享和开放管理，适用本办法”。根据2019年宪法和法律委员会对第十三届全国人民代表大会的议案审议结果，《公共数据资源管理法》或《大数据管理法》将在条件成熟时列入立法规划、年度立法工作计划，或在相关法律的制定或者修改等工作中统筹考虑。其后，各地人大相继将公共数据的资源管理作为立法计划的重点，相关立法逐渐以公共数据取代政府数据，规定公共数据不再局限于政府部门的数据。[①]

至此，公共数据资源有了一个最为广泛的含义，不仅包括最初始的政府数据，以及履行公共管理职责的其他公共机构收集、产生的数据，还包括特定私营部门没有依赖政府职责产生的、在具有公共属性的领域或空间中涉及公共利益的数据。该定义的范围是如此广泛，以至于其边界都变得模糊不清，但联系到实践，在立法领域，公共数据已然进入中央或地方立法日程；在行政管理领域，各地推进的数字政府、智慧城市工程也普遍使用公共数据的概念，以描述其收集、共享、开放、应用的数据集合。因此，下文即以公共数据作为研究数据权属问题的一类典型数据，梳理目前学术界对公共数据权属问题的观点争鸣。

2. 公共数据的归属权讨论

目前法学界关于公共数据开放的研究不多，而讨论政府数据权属问题的研究也比较有限。

---

① 郑春燕，唐俊麒.论公共数据的规范含义[J].法治研究，2021，6：67-79.

程啸总结了我国立法对政务数据权属的态度。他认为目前法律和行政法规中对政务数据资源的归属有两种不同的态度。一种是明确规定政务数据资源属于国家所有，例如，福建省人民政府于 2015 年 2 月 15 日通过的《福建省电子政务建设和应用管理办法》第九条规定："应用单位在履行职责过程中产生的信息资源，以及通过特许经营、购买服务等方式开展电子政务建设和应用所产生的信息资源属于国家所有，由同级人民政府电子政务管理部门负责综合管理。"另一种则不对政务数据资源的权属进行规定，直接规定政务数据开放的方法、政府制定开放目录的义务、建设数据平台的义务以及数据利用的规则。程啸认为，立法上明确规定政务数据资源属于国家所有并无不妥，但是应当明确国家取得政务信息资源的所有权是基于其法定职责和行政相对人的法律义务，而不是自然人的同意。①

曾娜较为全面地论证了确认政务信息资源国家所有权的正当性。她认为，相较于仅仅确立国家管理权，确认政务信息资源的国家所有权可以解决政务数据的转让困难，促进政务数据的市场化运作和增值利用，并遏制利益集团的权力寻租。而相较于私人所有权，国家所有权突出了共同体的价值，可以确保资源的公共性使用，防止数据垄断，防止政府部门独占数据收益，促进数据民主化。②

胡凌从地方立法中的公共数据池开放的角度讨论了公共数

① 程啸.论大数据时代的个人数据权利[J].中国社会科学，2018，3：102-122.

② 曾娜.政务信息资源的权属界定研究[J].时代法学，2018，16(4)：29-34.

据的权属问题。他认为，公共数据池的特点在于通过政府平台将大量数据公共资源与社会共享而非垄断在自己手中。在公共数据开放中，数据的确权并不是关键问题，因为通过财产规则明确公共数据池的国有资产性质无法解决社会共享、非金钱性使用等核心问题。从创造社会价值的角度看，选择退出规则即责任规则对社会整体效益更为合适。选择退出规则是指，数据控制者无法事先知道何种使用数据的方式最佳，可以让第三方以低成本进行挖掘，如果发现有问题（如侵犯隐私、危害竞争秩序）再停止使用，以便最大限度地开发数据。公共数据池的法律属性势必导向一种混合的法律模式，即没有必要在需要高度流动地使用数据的前提下通过财产权利约束数据池，而是鼓励数据控制者不断扩大数据开放的范围和程度，让更多的开发者和社会公众能够参与其中，并对可能的侵权责任进行事后救济。[①]

李海敏认为，政务数据具有国有财产的属性，属于国有公产中的“公用物”。根据国有财产“分别所有”学说，政府数据应当符合中央与地方的权属分配关系，即重要部门收集与产生的数据归中央政府所有、地方政府部门收集与产生的数据归地方政府所有。[②]

---

① 胡凌.论地方立法中公共数据开放的法律性质[J].地方立法研究，2019，4(3)：1-18.

② 李海敏.我国政府数据的法律属性与开放之道[J].行政法学研究，2020，6：144-160.

（三）企业数据权属——构建新型民事权利

1. 企业获得数据权利的正当性

商业数据权，是商业数据的收集者或者处理者对其合法收集的数据或者形成的数据产品的占有、使用和处分的权利。针对企业获得数据权利的正当性讨论，诸多学者持有不同的观点。程啸认为，数据企业依据法律规定，通过合法的事实行为获得数据集，因此应当取得数据权利。而且，数据企业本身收集、存储个人数据的行为需要付出相应的成本，数据企业也向被收集数据者支付了合理的对价，符合公平原则，理应获得相应的民事权利。① 申卫星和龙卫球等学者也从促进数字经济发展、保障交易安全等角度对确认企业数据权利进行了论证。②

知识产权领域的学者则更多地从功利主义的角度对企业数据权属进行了论证。崔国斌认为，在知识产权领域，劳动学说或自然权学说的说服力非常有限，而更多地接受功利主义的指引。因此大数据集合是否需要额外的产权保护，关键不在于收集者是否为数据收集付出了实质性的劳动或资金，而在于现有的产权保护是否能够避免市场失败。随着数据集合规模逐渐扩大，数据收集工作耗费的成本迅速增加，而现行的著作权法或商业秘密保护法无法阻止他人复制公开的数据集合并对外提供。数

---

① 程啸.论大数据时代的个人数据权利[J].中国社会科学，2018，3：102-122.

② 申卫星.论数据用益权[J].中国社会科学，2020，11：110-131；龙卫球.数据新型财产权构建及其体系研究[J].政法论坛，2017，35(4)：63-77.

据收集者很可能因此无法获得足够的回报，从而产生市场失败。在大数据时代，数据规模进一步增大，原始收集者和复制者的成本差距可能进一步拉大。如果不直接保护此类公开数据，社会只接受丛林法则，数据收集者为了维持自己的商业模式，就必须不断收买随时会出现的真实的或伪装的复制者，以消除他们的搭便车行为。最终，数据收集者的动机会因此受损，市场失败很可能出现。①

2. 学界对通过反不正当竞争法保护数据权益的反思

应用《中华人民共和国反不正当竞争法》解决企业数据权益保护问题，在目前个人或企业对相关信息都无法享有绝对权属的情况下，是一种回应企业现实诉求的可行路径，并且在司法实践中也逐步确立了如三重授权原则、实质性替代标准等裁判规则。

但依据反不正当竞争法进行数据保护可能存在以下问题：

许可认为，当前以反不正当竞争法保护数据权益有两重进路，即商业秘密条款的法益保护路径或者一般条款的行为规制路径。就商业秘密条款而言，从保护范围上将相关数据构成商业秘密需要符合秘密性、经济利益或实用性以及采取保密措施等要求；从保护强度上讲，商业秘密条款保护的并不是权利而是法益，因此仅能提供一种相对薄弱的保护，可能存在保护不足的问题。而从一般条款的适用来讲，一般条款用语的模糊性与开

① 崔国斌.大数据有限排他权的基础理论[J].法学研究，2019，41(5)：3-24.

放性,以及互联网领域的商业道德、竞争秩序尚未确立的特点,使其适用削弱了司法的正当性和安定性,一般条款的保护方式是立法上的次优选择。因此,应当在数据权和个人信息权二元分置的前提下实现数据财产化,采取权利保护的进路。[①]

3. 企业数据权利的类型

法学界对企业数据归属讨论的落脚点是构建新型的民事权利。尽管司法实践中应用竞争法来承认和保护企业数据权益,但这种数据权益的法律认可,仍是在发生纠纷之后的一种个案救济,在建立数据权益的稳定预期方面作用有限。

正如龙卫球指出的,数据从业者对于经营中的数据利益,仅具有依据用户授权合同而取得的债权地位,这是一种微弱而不具有绝对保护的财产地位,显然难以支持和保障数据开发和数据资产化经营的需求;相反,绝对财产地位的构建,则可以使数据从业者获得一种有关数据开发利益的安全性市场法权基础的刺激和保障,使数据经济得以置身于一种高效稳定的财产权结构性的驱动力和交易安全的保障之中。[②]

因此,近年来,民法学者、知识产权法学者陆续探索企业数据的民事权利,明确数据权属问题。其中比较有代表性的观点有:

---

① 许可.数据保护的三重进路:评新浪微博诉脉脉不正当竞争案[J].上海大学学报(社会科学版),2017,34(6):15-27.

② 龙卫球.数据新型财产权构建及其体系研究[J].政法论坛,2017,35(4):63-77.

(1) 民法角度

程啸认为,应当承认企业的数据权利是新型的财产权。他认为,通过反不正当竞争法保护数据企业对数据的权利,实际上是将数据权利降格为一种纯粹经济利益,保护密度和强度明显不足。为了鼓励企业收集、存储和利用数据,应当明确规定数据企业的数据权利。企业数据权利的内涵是,企业对合法收集的包括个人数据在内的全部数据享有支配的权利。其权利内容为,在得到自然人同意的情形下,有权收集个人信息并进行存储,按照法律规定及与自然人的约定进行分析利用、处分(转让或授权他人使用),要求侵权人承担侵权责任。①

龙卫球提出了数据资产权,他认为,一方面,可以为初始数据的主体配置基于个人数据的人格权和财产权。另一方面,应当赋予数据从业者具有排他性和绝对性的数据经营权和数据资产权。其中,数据经营权是关于数据的经营地位或经营资格,而数据资产权是指对数据集合或加工产品的归属财产权。这些权利应当采取近似于物权的设计:数据经营者可根据数据经营权,以经营为目的对他人数据进行收集、分析、加工,这种经营权具有专项性和排他性;而根据数据资产权,数据经营者可以对自己合法的数据活动形成的数据集合或其他产品进行占有、使用、收益和处分,这是对数据资产化经营利益的一种绝对化赋权。②

① 程啸.论大数据时代的个人数据权利[J].中国社会科学,2018,3:102-122.

② 龙卫球.数据新型财产权构建及其体系研究[J].政法论坛,2017,35(4):63-77.

申卫星提出了“所有权+用益权”二元权利结构模式。他认为，可以借鉴自物权-他物权的权利分割模式，根据不同主体对数据形成的贡献的来源和程度的不同，设定数据原发者拥有数据所有权和数据处理者拥有数据用益权的二元权利结构，形成“所有权+用益权”的协同格局，实现用户与企业之间财产权益的均衡设置。就企业数据权利而言，数据企业可以通过法定方式或者约定方式取得数据用益权，而该项权利包括数据控制权、数据开发权、数据许可权、数据转让权等多种权能。①

纪海龙在区分数据文件和数据信息的基础上，提出了数据文件所有权这一概念。纪海龙认为，因为数据文件可以通过技术手段进行界分和控制，所以可以在数据文件上设定数据文件所有权这一绝对权。数据文件所有权的原始取得应当采取交易观念下的数据制造者标准进行判断，在数据制造者使用他人设备制造数据时，权利应当归属于数据制造者而非设备所有人，这刺激和鼓励了数据制造。数据文件所有权的权利内容为数据文件所有人对数据文件占有、使用、收益和处分的权能。而在数据文件所有权与数据信息上的权利（内容层的个人信息权或知识产权）发生冲突时，内容层的权利具有优先地位。②

（2）知识产权法的角度

崔国斌从知识产权法的角度提出了大数据集合的有限排他权，即阻止他人未经许可向公众传播收集者付出实质性投入收

---

① 申卫星.论数据用益权[J].中国社会科学，2020，11：110-131.

② 纪海龙.数据的私法定位与保护[J].法学研究，2018，40(6)：72-91.

集的实质数量的数据内容的权利。他认为，基于反不正当竞争法对商业秘密的保护和著作权法对汇编作品的保护，企业数据权利保护问题中只存在“公开状态的非独创性大规模数据集合”这一制度空白。而对于这类数据集合而言，避免市场失败这一理由证立了限制他人向公众传播大规模数据集合的正当性。应该对这部分大数据集合提供有限排他保护，即限制这类数据集合的发行权、广播权、信息网络传播权等权利（公开传播权）。但是，权利人不得限制他人单纯复制或利用其他数据的行为。[①]

（3）其他角度

丁晓东认为，数据具有多重性质，而其性质又往往依赖于具体场景，因此，数据需要进行场景化的确权。无论是个人数据还是企业数据权益的合理保护，都要注重通过个案来自下而上地推动数据保护规则的制定与演进，而非过于依赖自上而下的规则制定。就法理而言，这意味着对数据权利应当基于理性规则进行确定，而非寻求放诸四海而皆准的统一规则。从实体的判断规则来讲，平台数据、平台数据权属的界定需要考虑多种不同因素，既需要考虑数据隐私的优先保护，考虑合理保护平台数据权益，又要特别注意促进数据的共通共享。既需要考虑在数据领域的搭便车行为，又要注重数据的公共性。既需要防止平台

① 崔国斌.大数据有限排他权的基础理论[J].法学研究，2019，41（5）：3-24.

的不合理竞争，又需要防止数据垄断与数据壁垒。[①]

以上观点的核心都在于，通过在法律上构建一种具体权利，来承认和保护对数据创造有实质投入的市场主体的正当利益。

总的来说，上述学者虽然在企业数据权属的具体制度设计路径上有较大差异，但至少他们在以下方面达成了共识：

第一，对于企业数据权利的确认并不代表否认原始数据主体的权利。相对于企业数据、政府数据，个人数据是更为基础性的概念。相应地，在很多场景下，个人数据是企业数据、政府数据的组成颗粒，数据权属问题的界定并不排斥对个人数据保护的合规遵从。政务数据、企业数据如果包含个人数据，其处理和使用需要符合个人信息保护法律法规的要求。

第二，相比于竞争法事后的个案救济，探索建立企业数据权利更加有利于解决市场激励问题。正如若不在创新之上设定知识产权，而是将其作为任何人都可以享用的公共物品，那么就会导致人们不愿意投入资源进行创新和创造，数据领域亦如此。学者们正是从这一共同的起点出发，沿着民法、知识产权法的不同路径构造企业的数据权利。

4. 保护企业数据归属利益的司法实践与相关共识

相比个人数据和政府数据具有相对明晰的法律规范体系，

---

① 丁晓东.数据到底属于谁?:从网络爬虫看平台数据权属与数据保护[J].华东政法大学学报,2019,22(5):69-83.

企业数据并不是一个法律概念，其权属问题也更为模糊。近年来，在企业之间的竞争纠纷中，法院尝试通过竞争法路径来认可和保护企业对其商业数据的权益，逐步明确了以下几个法律共识：

（1）企业对其投入劳动而收集、加工、整理的数据享有财产性权益，在依法获取的各类数据基础上开发的数据衍生产品及数据平台等的财产权益受到法律保护。

典型案例1：

淘宝（中国）软件有限公司诉安徽美景信息科技有限公司不正当竞争纠纷案

【关键词】 数据资源权属、数据安全、不正当竞争

【基本案情】

原告淘宝（中国）软件有限公司（以下简称淘宝公司）系淘宝网运营商。淘宝公司开发的“生意参谋”数据产品能够为淘宝、天猫店铺商家提供大数据分析参考，帮助商家实时掌握相关类目商品的市场行情变化，改善经营水平。

被告安徽美景信息科技有限公司（以下简称美景公司）系“咕咕互助平台”的运营商，其以提供远程登录已订购涉案数据产品用户电脑技术服务的方式，招揽、组织、帮助他人获取涉案数据产品中的数据内容，从中牟利。

淘宝公司认为，涉案“生意参谋”数据产品是其合法取得的

劳动成果,其对数据产品中的原始数据与衍生数据享有财产所有权及竞争性财产权益,被诉行为对涉案数据产品已构成实质性替代,恶意破坏了淘宝公司的商业模式,构成不正当竞争。遂诉至法院,请求判令:美景公司立即停止涉案不正当竞争行为;赔偿其经济损失及合理费用500万元。

【裁判结果】

杭州铁路运输法院经审理认为:

1. 关于淘宝公司收集并使用网络用户信息的行为是否正当。首先,涉案数据产品所涉网络用户信息主要表现为网络用户浏览、搜索、收藏、加购、交易等行为痕迹信息,以及由行为痕迹信息推测所得出的行为人的性别、职业、所在区域、个人偏好等标签信息。这些信息并不具备能够单独或者与其他信息结合识别自然人个人身份的可能性,故不属于《网络安全法》规定的网络用户个人信息。其次,淘宝公司公开使用经匿名化脱敏处理后的数据内容属于法律规定的除外情形,即无须另行征得网络用户的明示同意;且“生意参谋”数据产品使用其他网络运营者收集的用户信息不仅获得了其他网络运营者(淘宝公司)的授权同意,还获得了该信息提供者(天猫网)的授权同意,即符合“三重授权”规则。最后,淘宝隐私权政策所宣示的用户信息收集、使用规则在形式上符合“合法、正当、必要”的原则要求,故淘宝公司收集、使用网络用户信息,开发涉案数据产品的行为符合网络用户信息安全保护的要求,具有正当性。

2. 关于淘宝公司对于涉案数据产品是否享有法定权益。首先，单个网上行为痕迹信息的经济价值十分有限，在无法律规定或合同特别约定的情况下，网络用户对此尚无独立的财产权或财产性权益可言。其次，网络原始数据的内容未脱离原网络用户信息范围，故网络运营者对于此类数据应受制于网络用户对其所提供的用户信息的控制，不能享有独立的权利。最后，数据内容经过网络运营者大量的智力劳动成果投入，通过深度开发与系统整合呈现的衍生数据可以为运营者所实际控制和使用，并带来经济利益。网络运营者对于其开发的数据产品享有独立的财产性权益。

3. 关于被诉行为是否构成不正当竞争。美景公司未经授权亦未付出新的劳动创造，直接将涉案数据产品作为自己获取商业利益的工具，明显有悖公认的商业道德，阻碍数据产业的发展。被诉行为实质性替代了涉案数据产品，破坏了淘宝公司的商业模式与竞争优势，已构成不正当竞争。

综上，杭州铁路运输法院于 2018 年 8 月 16 日判决：美景公司立即停止涉案不正当竞争行为并赔偿淘宝公司经济损失（含合理费用）200 万元。一审宣判后，美景公司不服，向杭州市中级人民法院提起上诉。杭州市中级人民法院经审理认为，一审判决认定事实清楚，适用法律正确。遂于 2018 年 12 月 18 日判决：驳回上诉，维持原判。

典型意义

本案是首例涉数据资源开发应用行为正当性与数据资源权属判定的新类型案件,具有典型性和指导意义。本案裁判结果厘清了网络用户信息权与网络运营者经营权两者间的关系,明确了网络运营者对于用户行为痕迹信息的安全保护责任,对于规范数据资源的开发应用和厘清数据产业行业规则,起到指引作用。此外,对于数据资源的权利属性以及权利人获取法律保护的司法路径,在我国现行立法中尚无明确定论。本案判决以财产权为定位,首次通过司法判例初步划分了各相关主体对于数据资源的财产权的边界,同时赋予数据产品开发者以"竞争性财产权益"这种新类型权属,确认其可以以此作为权利基础获得反不正当竞争法的保护,为立法的完善提供了司法例证。

资料来源:1. 最高人民法院.最高人民法院发布依法平等保护民营企业家人身财产安全十大典型案例[DB/OL].(2019-05-16)[2022-07-22].https://www.pkulaw.com/chl/842e398c734730afbdfb.html? articleFbm=CLI.3.332414.

2. 浙江省高院.淘宝(中国)软件有限公司与安徽美景信息科技有限公司不正当竞争纠纷案[EB/OL].(2019-04-02)[2022-07-22].http://www.zjsfgkw.cn/art/2019/4/2/art_80_16841.html.

(2) 企业提供的数据服务满足了社会公众的相关需求,增加了消费者福利,本质上是一种竞争性权益。其他市场主体如果不正当地采取搭便车行为,截取其他企业通过大量投入而获得的数据,并产生实质性的替代后果,就会被认为是侵犯了原企业的正当商业利益。

典型案例2：

上海汉涛信息咨询有限公司诉爱帮聚信(北京)科技有限公司不正当竞争纠纷案

【关键词】 技术创新、不正当竞争、虚假宣传

【案情简介】

原告上海汉涛信息咨询有限公司(简称汉涛公司)是大众点评网的经营者,其网站的主要经营模式是对美食、购物、休闲、娱乐等生活服务类商户进行推介。网友可以通过其网站搜索不同地区的相关商户,也可以对美食、购物、休闲、娱乐等生活服务类商户进行点评。

被告爱帮聚信(北京)科技有限公司(简称爱帮科技公司)是爱帮网的经营者,其经营模式是为网友提供生活信息查询,并可获取其他用户的评价和体验。

爱帮科技公司利用技术手段在爱帮网上展示大众点评网的商户简介和用户点评,并以此获取商业利益。汉涛公司于2007年11月22日以不正当竞争为由起诉爱帮网,并索赔900万元。

【裁判结果】

北京市海淀区人民法院经审理认为:

1. 关于爱帮科技公司使用大众点评网商户简介和用户点评,是否构成不正当竞争。爱帮网和大众点评网都为用户提供分类信息查询服务,其网站展示的商户简介及用户点评的数量和质量直接影响其服务的水平和质量,并进而影响其商业信誉

和商业利益。大众点评网的商户简介和用户点评，是汉涛公司搜集、整理和运用商业方法吸引用户注册而来。汉涛公司为此付出了人力、财力、物力和时间等经营成本，由此产生的利益应受法律保护。

对于大众点评网的商户简介和用户点评，爱帮科技公司未付出劳动、未支出成本、未做出贡献，却直接利用技术手段在爱帮网上展示，并以此获取商业利益，属于反不正当竞争法理论中典型的“不劳而获”和“搭便车”的行为。爱帮科技公司的这一经营模式违反公平原则和诚实信用原则，违反公认的商业道德，构成不正当竞争。

汉涛公司曾发函要求爱帮科技公司停止使用大众点评网的商户简介和用户点评，并明确要求爱帮科技公司提供拒绝搜索的技术信息和方案，但爱帮科技公司至今未提供此类技术信息或方案，足见其具有持续使用的主观故意。因此，爱帮科技公司关于垂直搜索和摘要的抗辩依据不足。爱帮科技公司使用大众点评网商户简介和用户点评，构成不正当竞争。

2. 关于爱帮科技公司、汉涛公司的宣传行为是否构成不正当竞争。《中华人民共和国反不正当竞争法》第九条规定：经营者不得利用广告或者其他方法，对商品的质量、制作成分、性能、用途、生产者、有效期限、产地等作引人误解的虚假宣传。《中华人民共和国广告法》规定：广告不得使用“国家级”“最高级”“最佳”等用语。因此，使用最高级形容词自我宣传的经营者，一旦成为反不正当竞争诉讼的被告，就要为其宣传行为提供充分证据，从而背负极为沉重的举证责任。

爱帮科技公司宣称“爱帮网已成为中国最大的本地生活搜索服务提供商，也是最大、最全的生活信息网上平台”。虽然爱帮科技公司提交了部分网站对爱帮网和大众点评网及其他网站的业务评价和比较情况等证据，但上述网站的中立性、数据真实性、结论权威性等均有待进一步证明。原审法院根据民事诉讼证据规则，认定爱帮科技公司构成虚假宣传。

汉涛公司宣称“大众点评网是中国最大的城市消费指南网站，国内最大的生活指南网站”，“大众点评网的美食信息和餐馆搜索引擎是业内公认最专业、最高质量的”。虽然汉涛公司提交了部分奖项、证书、媒体报道、照片、合同、网站比较信息、图书等证据，但是评奖机构、媒体报道评论、信息的中立性和权威性有待进一步证明。因此，法院根据民事诉讼证据规则，同理认定汉涛公司构成虚假宣传。

法院判决爱帮公司停止使用大众点评网的商户简介和用户点评、停止虚假宣传、消除影响、赔偿经济损失 50 万元；汉涛公司停止虚假宣传、消除影响、赔偿经济损失 21000 元。

典型意义

本案涉及通过技术手段使用他人网站大量信息的行为是否构成不正当竞争以及虚假宣传的认定等法律问题。法官在判决中厘定了不正当竞争与技术创新之间的界限，判决中有关竞争利益、垂直搜索引擎技术运用的合法边界等的论证具有理论上的创新意义。该案的裁判也为网络中多发的不正当竞争行为确立了裁判的规则，对于类似案件的处理具有借鉴作用。

资料来源：1.北京市海淀区人民法院.上海汉涛信息咨询有限公司诉爱帮聚信（北京）科技有限公司等不正当竞争纠纷案[DB/OL].（2011-03-04）[2022-07-22].https://www.pkulaw.com/pfnl/a25051f3312b07f352ed91efd72236ae535f7af7fc022314bdfb.html? articleFbm=CLI.C.345912.

2. 北京市第一中级人民法院.上海汉涛信息咨询有限公司与爱帮聚信（北京）科技有限公司不正当竞争纠纷上诉案[DB/OL].（2011-07-05）[2022-07-22].https://www.pkulaw.com/pfnl/a25051f3312b07f38c6113f2056b0f15d522b1046aa0e070bdfb.html? articleFbm=CLI.C.422674.

典型案例3：

上海汉涛信息咨询有限公司诉北京百度网讯科技有限公司等不正当竞争纠纷案

【关键词】 搜索技术、数据资源、不正当竞争

【案情简介】

原告汉涛公司是大众点评网的经营者，其网站主要经营模式是对美食、购物、休闲、娱乐等生活服务类商户进行推介。网友可以通过其网站搜索不同地区的相关商户，也可以对美食、购物、休闲、娱乐等生活服务类商户进行点评。

被告北京百度网讯科技有限公司（简称百度公司）是百度网的经营者。除了向公众提供电脑端的百度地图，百度公司还推

出适用于移动设备的百度地图应用。

在百度地图、百度知道等部分百度产品中搜索某一商户页面，会显示用户对该商户的评价信息，其中大部分信息都是来自大众点评网的点评信息。汉涛公司认为百度公司在本案中使用大众点评网点评信息的行为构成了不正当竞争，诉请求法院判令百度公司停止侵害，赔偿损失人民币9000万元。

【裁判结果】

上海市浦东新区人民法院经审理认为：

1. 关于百度公司和汉涛公司是否存在竞争关系。反不正当竞争法所调整的竞争关系不限于同业者之间的竞争关系，还包括为自己或者他人争取交易机会所产生的竞争关系，以及因破坏他人竞争优势所产生的竞争关系。本案中，百度公司除了提供网络搜索服务，还提供其他网络服务。尤其是随着移动互联网的高速发展，百度地图已逐渐成为百度公司最重要的移动端产品之一。百度地图除了提供传统的地理位置服务如定位、导航等之外，亦为网络用户提供商户信息及点评信息，以及提供部分商户的团购信息等。此外，百度公司通过搜索技术从大众点评网等网站获取信息，并将搜索引擎抓取的信息直接提供给网络用户，百度公司不仅是搜索服务提供商，还是内容提供商。百度公司通过百度地图和百度知道与大众点评网争夺网络用户，可以认定百度公司与汉涛公司存在竞争关系。

2. 关于百度公司的行为是否具有不正当性。大众点评网的点评信息是汉涛公司的核心竞争资源之一，汉涛公司因百度公司的竞争行为而受到损害。汉涛公司为运营大众点评网付出了巨额成本,网站上的点评信息是其长期经营的成果。点评类网站具有集聚效应,即网站商户覆盖面越广、用户点评越多,越能吸引更多的网络用户参与点评,也越能吸引消费者到该网站查找信息。百度地图也有点评功能,百度的用户也可以直接发布点评。但在很多类别的商户中,直接来源于百度用户的点评只占很小的比例。在靠自身用户无法获取足够点评信息的情况下,百度公司通过技术手段,从大众点评网等网站获取点评信息,用于充实自己的百度地图和百度知道,对汉涛公司造成损害。

2016 年 5 月 26 日,上海市浦东新区人民法院宣判:被告北京百度网讯科技有限公司于本判决生效之日起立即停止以不正当的方式使用原告上海汉涛信息咨询有限公司运营的大众点评网的点评信息;被告北京百度网讯科技有限公司于本判决生效之日起十日内赔偿原告上海汉涛信息咨询有限公司经济损失人民币 300 万元及为制止不正当竞争行为所支付的合理费用人民币 23 万元;驳回原告上海汉涛信息咨询有限公司的其余诉讼请求。

典型意义

本案涉及通过垂直搜索等创新技术手段使用其他网站大量信息的行为是否构成不正当竞争的法律问题。法官在判决中界定了竞争关系存在的范围,厘清了不正当竞争与技术创新之间的界限,判决中有关竞争利益、信息引用的合法边界等的论证具有理论上的创新意义。该案的裁判也为网络中多发的不正当竞争行为确立了裁判的规则，对于类似案件的处理具有可借鉴之处。

资料来源：1. 上海市浦东新区人民法院.上海汉涛信息咨询有限公司诉北京百度网讯科技有限公司等不正当竞争纠纷案[DB/OL].(2016-05-26) [2022-07-22]. https://www.pkulaw.com/pfnl/a25051f3312b07f3c9944976940be4559f43d13e86349511bdfb.html? articleFbm=CLI.C.8333558.

2. 上海知识产权法院.北京百度网讯科技有限公司与上海汉涛信息咨询有限公司不正当竞争纠纷上诉案[DB/OL].(不详)[2022-07-22].https://www.pkulaw.com/pfnl/a25051f3312b07f346e8247bd72b03e6a264a14d28856d0cbdfb.html? articleFbm=CLI.C.10989220.

（3）企业间的数据共享利用，应当在保护用户个人权利的基础上，遵循自主契约精神，遵从企业间约定。开放平台方直接收集、使用用户数据需获得用户授权，第三方开发者通过开放平台（Open API）接口间接获得用户数据，需分别获得平台方和用户授权，此即三重授权（用户授权+平台授权+用户授权）原则。

典型案例 4：

新浪微博诉脉脉不正当竞争案

【关键词】 数据抓取、变向获利、不正当竞争

【案情简介】

原告北京微梦创科网络技术有限公司（简称微梦公司）经营

的新浪微博，既是社交媒体网络平台，也是向第三方应用软件提供接口的开放平台。

被告北京淘友天下技术有限公司、北京淘友天下科技发展有限公司经营的脉脉是一款移动端的人脉社交应用，上线之初因为和新浪微博合作，用户可以通过新浪微博账号和个人手机号注册登录脉脉，用户注册时还要向脉脉上传个人手机通讯录联系人。

微梦公司后来发现，脉脉用户的一度人脉中，大量非脉脉用户直接显示新浪微博用户头像、名称、职业、教育等信息。[①] 后双方终止合作，微梦公司提起本案诉讼，主张北京淘友天下技术有限公司、北京淘友天下科技发展有限公司实施了四项不正当竞争行为：非法抓取、使用新浪微博用户信息；非法获取并使用脉脉注册用户手机通讯录联系人与新浪微博用户的对应关系；模仿新浪微博加V认证机制及展现方式；发表言论诋毁微梦公司商誉。微梦公司为此主张停止不正当竞争行为、消除影响、赔偿1000万元经济损失等。

【裁判结果】

北京市海淀区人民法院经审理认为：

1. 关于合法性。北京淘友天下技术有限公司、北京淘友天下科技发展有限公司在合作期间未根据与微梦公司的协议，申请职业信息、教育信息 Open API 接口，即从微博开放平台获取

---

① 脉脉账号的一度人脉来自脉脉用户的手机通讯录联系人和新浪微博好友，二度人脉为一度人脉用户的手机通讯录联系人和微博好友。

新浪微博用户的职业信息、教育信息；在双方合作结束后，北京淘友天下技术有限公司、北京淘友天下科技发展有限公司未按协议要求及时删除相关用户信息，仍将包括新浪微博用户的职业信息、教育信息在内的相关信息用于脉脉软件，该行为不符合《开发者协议》的约定。

2. 关于正当性。用户职业信息、教育信息具有较强的用户个人特色，不论对于新浪微博，还是脉脉软件，都不属于程序运行和实现功能目的的必要信息，而是需要经营者在经营活动中付出努力来挖掘并积累的用户资源中的重要内容。另外，头像、昵称、职业、教育、标签等用户信息的完整使用能刻画出用户个人的生活、学习、工作等基本状态和需求，北京淘友天下技术有限公司、北京淘友天下科技发展有限公司未能对在合作结束后仍使用新浪微博用户的这些信息之必要性做出合理解释，因此，北京淘友天下技术有限公司、北京淘友天下科技发展有限公司在合作期间对涉案新浪微博用户职业信息、教育信息的获取及使用行为，以及在合作结束后对涉案新浪微博用户相关信息的使用行为均缺乏正当性。

据此，法院于2016年4月作出一审判决：认定脉脉软件非法抓取、使用新浪微博平台用户信息，以及通过脉脉用户手机通讯录中联系人手机号与新浪微博用户信息形成对应关系等行为构成不正当竞争行为，赔偿微梦公司经济损失200万元及合理费用20余万元。2016年12月驳回上诉，维持一审判决。

典型意义

大数据时代,保护用户信息是衡量经营者行为正当性的重要依据,也是反不正当竞争法意义上的尊重消费者权益的重要内容。在数据资源已经成为互联网企业重要的竞争优势及商业资源的情况下,在互联网行业中,企业竞争力不仅体现在技术配备上,还体现在其拥有的数据规模上。大数据拥有者可以通过拥有的数据获得更多的数据,从而将其转化为价值。对社交软件而言,拥有的用户越多,将吸引更多的用户来注册使用,该软件的活跃用户越多则越能创造出更多的商业机会和经济价值。结合本案,法院指出了新浪微博作为互联网开放平台,以及脉脉作为社交 App 在保护用户信息方面的不足。法院表示,互联网经营者应当遵循自愿、平等、公平、诚实信用的原则,遵守公认的商业道德,尊重消费者合法权益,才能获得正当合法的竞争优势和竞争利益。在本案件中,北京知识产权法院首次明确指出,网络平台提供方可以对在用户同意的前提下基于自身经营活动收集并进行商业性使用的用户数据信息主张权利。

资料来源:1.北京知识产权法院.北京淘友天下技术有限公司等与北京微梦创科网络技术有限公司不正当竞争纠纷上诉案[DB/OL].(2016-12-30)[2022-07-22].https://www.pkulaw.com/pfnl/a25051f3312b07f3b92afb1bc8dbe3c8336f6998fbbb253dbdfb.html? articleFbm=CLI.C.8908738.

2.中国法院网北京海淀法院."脉脉"非法抓取使用"新浪微博"用户信息被判不正当竞争[EB/OL].(2016-04-26)[2022-07-22].https://www.chinacourt.org/article/detail/2016/04/id/1846497.shtml.

典型案例5：

新浪微博诉今日头条不正当竞争案

【关键词】 数据盗用、数据资源、不正当竞争

【案情简介】

原告微梦公司是新浪微博的主办单位，亦是iOS版、安卓版"微博"App的运营者，提供微型博客等社交网络平台服务。

被告字节跳动科技有限公司（简称字节公司）是头条网的主办单位，亦是iOS版、安卓版"今日头条"App的运营者。

原告微博运营商微梦公司诉称，2016年10月起，字节公司利用技术手段抓取，或由其公司员工以人工复制方式大规模获取源发自新浪微博的内容，并紧随其后发布、展示在今日头条中，向用户进行传播，构成不正当竞争，故依据《反不正当竞争法》第二条、第十二条第二款第四项诉至法院，请求判赔经济损失2000万元及合理费用115万余元等。

【裁判结果】

北京市海淀区人民法院经审理认为：

1. 双方当事人对于字节公司实施移植行为不存在争议，主要争议集中在是否存在涉案用户自行将新浪微博的内容手动发布到今日头条的情况。在举证时，微梦公司指出涉案移植内容

中有1800余条存在无谓的抹除水印、不可能完成的发布操作(指在内容图片存在问题情况下,两平台发布时间间隔不足1分钟)以及混乱表达等不合理展示情况和不符合用户手动发布特征的现象。在案件审理过程中,法院对字节公司有关涉案内容为用户手动发布的陈述不予采信,从整体上认定涉案移植行为由字节公司实施。

2. 关于被诉行为是否构成不正当竞争。法院认为,两家公司虽然核心属性以及营利方式等方面存在差异,但是就涉案移植内容以及其涉及的用户、流量等市场资源与商业利益来看,双方具有明显的竞争关系。对于字节公司辩称已获取授权,法院从字节公司的授权来源、授权方式及其证明有效性、授权的权益范围三个角度判断,对字节公司的授权陈述不予认可。同时,法院认为字节公司凭借移植行为,在几乎不进行投入的情况下,快速建立起自己的竞争优势,不符合商业道德,长远来看,不利于内容源发公司的技术与服务投入。综上,法院认为字节公司构成不正当竞争。

3. 关于微梦公司所主张的权益是否应受《反不正当竞争法》保护。法院认为,微梦公司通过与用户订立协议、向用户提供服务、为内容生成提供额外服务以及聚合零散用户信息通过平台整体性传播,在满足消费者、用户权益和福利需求时,也产生了巨大的商业价值,构成其市场竞争优势,其本质是一种竞争性权益。其权益虽未被相关法律法规具体列明,但应属《反不正当竞争法》第二条所保护的合法权益。故微梦公司有权依法提出其相应主张。

经审理，法院于2021年5月17日宣判，自判决生效之日起，被告北京字节跳动科技有限公司立即停止“抄袭搬运”等不正当竞争行为。同时字节公司需在头条网首页及其微博官方账号“今日头条”置顶位置连续七日刊登声明，就涉案不正当竞争行为为原告新浪微博消除影响。判决生效之日起十日内，字节公司需依法赔偿新浪微博经济损失2000万元及合理开支115.7万元。

典型意义

随着信息技术产业和互联网产业的发展，尤其是在大数据时代的背景下，信息所具有的价值超越以往任何时期，愈来愈多的市场主体投入巨资收集、整理和挖掘信息。如果不加节制地允许市场主体任意地使用或利用他人通过巨大投入获取的信息，将不利于鼓励商业投入、产业创新和诚实经营，最终将损害健康的竞争机制。法院表示，互联网经营者应当遵循自愿、平等、公平、诚实信用的原则，遵守公认的商业道德，尊重消费者合法权益，才能获得正当合法的竞争优势和竞争利益。

资料来源：北京市海淀区人民法院作出的(2017)京0108民初24530号民事判决书。

以上，司法机构采取如此立场，其实质是秉承公序良俗原则，尊重市场规律，同时也反映了经济规律。根据科斯定理，如果将数据产权赋予每个数据的个体，则市场中会出现众多权利主体，导致数据交易难以达成均衡价格，交易成本过高，进而造成数据资源无法得到充分的开发和利用。[①] 只有从“社会福利最大化标准”出发，承认和保护企业数据权益，帮助市场主体对数据投资形成稳定预期，才能激励其更好地收集、使用数据，促进数据利用。

三、对数据权属的探索仍在进行

今天，对于数据权属的探讨仍在进行，并且当前的讨论还没有进入选择答案的阶段，而仍处在如何探索一个更加完善的讨论框架的阶段。因此，为尽可能完整勾勒出关于该议题的学术讨论现状，本章旨在对数据权属的概念进行解构，并基于不同类型数据的权属问题，全面展现当前的学术争鸣。

第一，在概念解构部分，本章分别对“数据”“权属”概念的学术讨论进行了梳理。在中英文语义中，数据的含义具有高度的相似性，是指人们为了描述客观世界中的具体事物而引入的数字、文字等符号或符号的组合。近年来，在信息技术的应用背景下，数据一词更强调能够被计算机进行访问、传输、计算的各项处理。关于数据与信息的关系，学术看法也较为一致，均认为数据是信息的形式化表示。但在具体的法学议题讨论中，数据和信息的关系则需在不同场景下加以区分。

关于“权属”问题。数据的非竞争性、多主体性特征导致了

① 唐要家.数据产权的经济分析[J].社会科学辑刊,2021,1:98-106.

经济学上经典的产权配置理论——科斯定理的失效。而在传统大陆法系下对权属的讨论，一般又与所有权（Ownership）挂钩，进一步增加了数据权属的复杂性。为了便于梳理，本章将数据权属定义为对特定数据/数据集所享有的控制利用的权利（数据控制利用权），以及基于该控制利用所获得的数据的财产性权益（数据财产收益权）的归属问题。

第二，本章对有关不同类型数据的权属问题的学术观点进行了梳理。分别针对个人数据、公共数据、企业数据的权属问题的现有学术观点进行梳理总结。单独的个人信息（数据）所涉及的个人权利，应当归属于本人（数据主体），由本人来行使，这在法学领域基本没有争议。对于公共数据权属，如果将其理解为狭义的政府数据的范畴，则主流观点认为公共数据应当归国家/政府所有。关于企业数据权属，通过梳理近年来的学术观点，可以发现，尽管不同学者对企业数据权利的权利主体（数据生产者，抑或数据设备所有者），权利类型（是传统物权中的用益物权，还是知识产权的分支，抑或是一种新型的物权），以及权利内容仍有不少分歧，但大部分学者认可企业对于数据集合享有权利的正当性，支持在私营市场领域通过法律明确企业所享有的数据权益，扭转仅依靠竞争法作为事后救济机制的缺陷，使得数据经济为一种高效稳定的财产权所驱动。

总体上，以上对不同类型数据的权属问题的观点梳理，在分类方法上尚存不周延之处，但基本能够反映现有“数据权属”议题的学术观点全貌，为下一步研究聚焦打好基础。

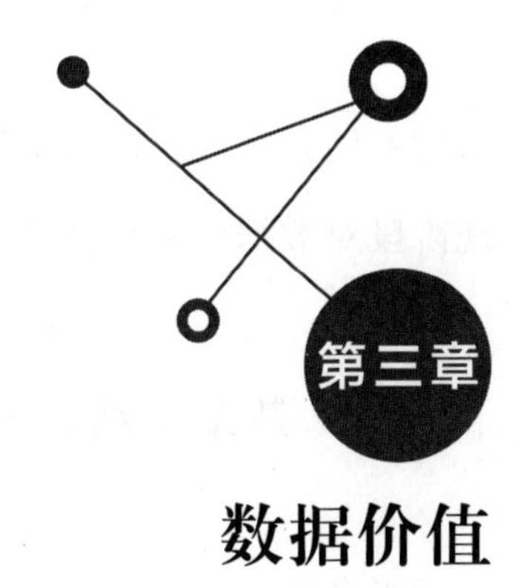

数据价值

现代社会已经步入互联网时代。互联网承载着大量的数据要素,尤其是社交网络、电子商务与移动通信,这些数据要素使得数据的储存、传递变得更加简单。每个人都能将实体对象数据化,并经由电子设备发送、存储、使用。高度的数字化促成数据要素存量的增长,数据的储存计量单位从 GB 到 TB(1024GB)再到 PB(1024TB)。在数据规模扩大的同时,人类借助数据实现了生产力的提升,数据成为新的经济驱动要素,然而现在对数据价值的研究却比较少。数据要素在数字经济中的贡献占比如何?这是我们亟须回答的问题。

中国拥有世界上最庞大的市场,数字化发展形成的数字生态具有复杂性高、变化速度快的特点。把握数字化发展的关键、弄清数据这一核心要素的价值,重要性毋庸置疑。只有厘清数据的价值,才能把握与数据要素相关的管理与决策,让数字化更有序,而非盲目扩张。

本章将对数据的价值进行阐述,从社会经济中数据产生价值的不同路径入手，从经济学、信息学、机器学习三个视角阐述现阶段对数据要素价值的评估方法。

一、数据要素在生活中的应用

当今社会已经高度数字化，本部分将首先从几个方面阐述数据要素在社会生活中的应用。

（一）数据与思维方式

现阶段，数字经济已经成为新的经济增长源泉，数据要素是数字经济发展的关键，但为什么数据要素能发掘出如此巨大的价值？重要的一点是数据改变了人们的思维方式。

实际上，数据本身没有创造新的事物，它只是人们所观察到的事物的一种描述。将观察到的事物转化为数据的过程即“数据化”。数据化和数字化是两个比较相似的概念，但数据化并非数字化。数字化指把模拟数据转换成用 0 和 1 表示的二进制码，以便计算机对数据进行处理。而数据化则是指一种把对象转变为可分析的量化形式的过程。[①] 数据化的核心就是量化其他对象。

记录信息的能力是原始社会和先进社会的分界线之一。早期文明最古老的抽象工具就是基础的计算以及长度和重量的计

① 维克托·迈尔-舍恩伯格，肯尼思·库克耶.大数据时代[M].盛杨燕，周涛，译.杭州：浙江人民出版社，2013.

量。公元前3000年，在印度河流域、埃及和美索不达米亚平原地区，信息记录就有了很大的发展，而日常的计量方法也大为改善。美索不达米亚平原上书写的发展促使一种记录生产和交易的精确方法产生了，这让早期文明能够计量并记载事实情况，并且为日后所用。计量和记录一起促成了数据的诞生，它们是数据化最早的根基。

为了得到可量化的信息，要知道如何计量；为了数据化那些量化了的信息，要知道怎么记录计量的结果。这需要人们拥有正确的工具。计量和记录的需求也是数据化的前提，而在数字化时代来临的几个世纪前，数据化的基础就已经奠定。

计算机带来了数字测量和存储设备，大大提高了数据化的效率。计算机也使得通过数学分析挖掘出数据更大的价值成为可能。简言之，数字化带来了数据化，但是数字化无法取代数据化。数字化是把模拟数据变成计算机可读的数据，与数据化有本质上的不同。

而数据化之所以重要，在于庞大的数据库有着小数据库所没有的价值。这种额外的价值来源于信息的融通。就像盲人摸象，在人类的感知中，每次接收、处理的信息是有限的，平时可能会拘泥于眼前的目标传达出的信息。但如果能将对象数据化，并加以记录，人们就能进一步将其汇总到数据库。在一些情况下，只有看到了数据库的完全信息，才能对事物有精确的认知。比如在航海中，每天都能有航海的地理信息日志，但单一的日志带来的信息是很有限的。若能将每天观察到的地理信息汇总为一张地图，这些杂乱的航海日志就可以变成有用的数据。

换言之，少量的数据其价值是比较低的，只有积累足够的数据才能实现质变，类似于统计学中大样本下的渐进分布。而数据化、信息化能让人们很自然地完成积累的过程，从而自然认识到其中的价值。

（二）数据与商业

数据科学与信息技术的发展也改变了众多商业模式。许多传统商业模式都在尝试与大数据手段有机结合，提升收益。现在谈到互联网平台，人们经常会提及“大数据杀熟”，这就是信息与商业结合最显著的案例。

机票的故事

奥伦·埃齐奥尼（Oren Etzioni）是美国最有名的计算机专家之一、大数据的先驱，华盛顿大学人工智能项目的负责人。2003年（当时还没有大数据），他准备从西雅图乘坐飞机到洛杉矶去参加弟弟的婚礼。一般而言，机票越早预订越便宜，所以在婚礼几个月前他就在网上预订了到洛杉矶的机票。在飞机上，埃齐奥尼向邻座询问他们购买机票的价格。令他吃惊的是，有些人购买的时间比他要晚，但是票价却远远低于他订购的价格，而且不止一个人。他不仅仅为这一“吃亏”的行为感到愤怒，更开始深入思考其中的原因。

在一趟航班上，同一舱位的每个座位可以认为是相对同质化的商品,它们的价格不应该有差别。但事实上,航空公司会根据自己的内部信息动态调节座位的价格。经历这次事件之后,埃齐奥尼希望开发出一种系统,以此对机票的合理价值进行推测(偏高或偏低),帮助人们做出购买机票的决策。他认为虽然外部人员很难拿到航空公司的内部决策信息(调节价格的依据),但是有能力对机票价格的变动趋势进行预测(价格上涨或下降)。

实现这个想法需要大量分析机票价格与提前购买天数的关系(从大量数据样本中寻找规律),即在一个特定时间点上,根据历史数据,如果一张机票的平均价格呈下降趋势,系统提示用户稍晚时间再购买机票。反之,如果一张机票的平均价格呈上涨趋势,那么用户就应该立即购买机票。

这个系统其实就是对机票价格变化进行预测的机器学习系统。埃齐奥尼从一个旅游网站上爬取了 41 天内的 12000 个价格数据样本,构建了一个预测模型。这个模型帮助在网络上订票的乘客节省了很多钱。

该预测模型是典型的黑箱模型,即不能说明具体原因,只能推测未来会发生什么。具体地说,它不能分析出是哪些因素导致了票价的波动(比如余票很多、季节性原因、周末的影响等),但会告诉乘客是否应该选择立即购买机票。埃齐奥尼将这个研究项目命名为“哈姆雷特”。埃齐奥尼的这个小项目逐渐发展成为一家科技创业公司,并得到了风投基金的支持,名为 Farecast。如今,Farecast 已经拥有惊人的几千亿条飞行数据记录。

这个项目就是现在典型的科技创业公司的雏形——首先收集大量相关行业信息，利用一系列数据科学手段筛选、挖掘出这些信息中对人们有用的部分，再通过这部分信息获取利润。而在为用户服务的过程中，科技公司又能获得新的数据，从而不断迭代其算法、不断发展。

上面的故事印证了数据蕴含巨大的价值，而现在的商业模式也正着眼于这一点。技术、思想、数据是构成这种商业模式的三个要素，它们通常是相辅相成的，但以数据为核心，这是价值的本质来源。

数字时代涌现出了很多数据公司，这是数据要素与商业结合的最直接体现。根据企业产生价值的来源，可以将其分为三类，这三类的侧重点分别对应于数据、技术、思想。

第一类是基于数据本身的公司。大数据这一概念兴起的直接结果是其价值也直线上升，数据本身的价值难以估量。由此自然出现了关注收集整理数据的创业者。他们大部分不是第一手的数据获得者，但是他们能获得数据、将数据整理成易于使用的格式，进而将数据授权给渴望挖掘数据价值的人。

这类公司的工作重点放在数据与信息上，它们收集数据、整理数据、维护数据、出售数据。它们掌握着大量数据，但较少从数据中挖掘价值、催生创新思想。一个例子是 Wind 公司。Wind 是金融数据和分析工具服务商，该公司掌握着全面的金融数据，通过授权的方式为企业、学者提供数据支持。国内多数知名的金融学术研究机构和权威的监管机构都是其客户,大量中英文媒体、研究报告、学术论文等经常引用 Wind 资讯提供的数据。

第二类是基于技术的公司。一般包含咨询公司、技术供应商或者分析公司。它们通常精通数据挖掘、分析技术,但本身不掌握数据资源,需要与其他掌握数据的实体合作,为其提供分析。例如,沃尔玛作为全球最大的零售商企业,借助天睿(Teradata)公司(一家大数据分析公司)的分析来获得自身经营中的信息。

第三类是基于思想的公司。这些公司以创新性的思想为根基,从数据与现实的结合中创造崭新的商业模式。比如共享单车(哈啰、美团单车)、智慧出行(滴滴、Uber)等。对于这些企业,信息和技能不是其成功的关键,使其脱颖而出的是其创始人的创新思想,这种创新思想将信息与实体经济巧妙结合,构建了新的产业模式,优化了原有模式(满足相同需求,但模式较为落后)的效率。

近年来,不仅是公司的模式有所创新,受到市场需求的影响,各个企业纷纷成立数据分析部门,并出现了一种新的岗位类型——数据科学家。顾名思义,数据科学家就是在数据中进行研究与探索的人员。传统科学家利用电子显微镜等发现实际物体的不同,而数据科学家通过探寻数据库来得到新的发现。全球知名咨询管理公司麦肯锡,曾极端地预测数据科学家是当今和未来的稀缺资源。如今的数据科学家们也确实是众多数字巨头争夺的高薪资人员。

大数据公司的多样性也体现了数据价值的传播链条，即数据生成—数据分析—数据应用，这三类公司就是各有侧重的主体。互联网巨头拥有的资源较多，有能力构成完整的数据生态体系。而对于小企业，更多的是占据链条中的一个节点，会同其他数据价值链条节点合作创造价值，这说明了当前数据价值链条在市场中逐渐成熟。

（三）数据与公共卫生

2020年，新型冠状病毒肺炎被人们发现，这种新型肺炎潜伏期长、传播迅速，是SARS的近亲，它在短短几周之内迅速传播开来。在新型冠状病毒肺炎疫情暴发的初期，人们还没有研发出对抗这种新型冠状病毒的疫苗，也没有发现特效药物。公共卫生专家只能首先尽可能地延缓它的传播速度。要做到这一点，一方面必须精准控制所有传染源，并尽可能地进行流行病学调查，这就需要精确掌握感染者的移动轨迹；另一方面，对于患者，需要及时进行隔离和救治，将传染源控制住。

中国是较早暴发疫情的国家，疫情初期，每当有地区发生疫情，疾控中心都需要对相关人员进行流行病学调查，较为费时费力。而且患者很可能患病多日，直到症状难以忍受才会去医院，此时疾控中心才能得到信息。由于流行病学调查大多依赖于患者直接回忆，而病毒潜伏期又较长，这较有可能造成一定的数据遗漏。但利用飞速发展的电子设备，中国开发了健康宝、行程码等信息共享与记录平台,记录每个人曾经去过的公共场所。一旦出现患者,疾控中心就能够精确掌握患者信息,迅速找到密切接触者。

在疫源地,患病人数较多,出现症状的疑似患者涌向医院,容易造成医院内的病毒传染,医疗系统压力较大。因此就需要对医疗资源进行恰当的调配,以满足不同患者的需求。在这一点上,互联网医疗展现了其得天独厚的优势。

疫情中的在线医疗

2020 年 1 月 23 日凌晨,为全力做好新型冠状病毒肺炎疫情的防控工作,有“九省通衢”之称的武汉决定当日 10 时起关闭离汉通道。该项措施实施后,武汉医疗资源紧张的形势凸显。在此种情况下,全国各地皆组织援鄂抗疫医疗队奔赴武汉,用勇气和信念筑起救死扶伤的长城。一时间,白衣执甲,感动中国。

同时,在互联网上,那些不能到武汉前线去的医生同样在为抗疫做出贡献。他们用线上咨询、免费义诊、慢病复诊等形式,开辟了与疫病斗争的“第二战场”。好大夫在线的数据显示,在 1 月 23 日—4 月 7 日期间,全国 30 个省市的 9268 名医生为武汉提供了医疗服务。其中北京的医生最多,达 1470 人;其次是上海,有 951 人;再次是山东,有 838 人。他们服务武汉各类患者达 183230 人次,主要针对的疾病类型是肺炎、小儿支气管炎、产前检查、咳嗽、月经失调、发烧等。

虽然没有抗疫一线那种可歌可泣的故事,但是互联网上的抗疫依然保持着天使的温度。一个武汉宝宝刚出生就因重症住院，出院又碰到新型冠状病毒肺炎疫情。他妈妈“只能居家网上问诊”，幸而遇到一位耐心仔细的医生。从一月到四月，“孩子有任何不适，都会咨询他”；“我们都知道医生每天工作量很大，他们是很繁忙的，但最难能可贵的是，朱医生每次都是挤出自己仅有的私人时间，在最短的时间内回复，让焦急的患者少等待，早安心。”这位武汉妈妈在好大夫在线留言说。

事实上，互联网医疗的抗疫不仅限于武汉。凭着跨时空整合资源和线上非接触等优势，在患者被限制于家中、医院大量关闭门诊的情况下，互联网医疗各平台成为心理干预、慢病复诊、常见病诊治、药品配送、术后管理的重要渠道。

据银川互联网+医疗健康协会统计，截至2020年3月中旬，其会员单位的互联网医院的线上医生已为全国各类患者提供健康咨询服务2000万人次。据国家卫健委统计，疫情防控期间，国家卫健委属管医院互联网诊疗比去年同期增长17倍，一些第三方平台互联网诊疗咨询增长20多倍。

疫情的危机场景让政府和社会对互联网医疗的价值有了更深刻的认识。它的高效简便被广为认同，它在与医保、医药的链接方面取得突破，它的服务能力也大幅度提升。在国家和地方陆续出台支持性政策、公众线上医疗健康需求空前旺盛的双重驱动下，互联网医疗正迎来重大发展机遇。

疫情期间,互联网医疗平台也逐步为人所熟知,并在这一时期加速发展。2020 年 3 月 20 日,在国务院联防联控机制新闻发布会上,国家卫健委规划司司长毛群安介绍,疫情期间,互联网诊疗成为医疗服务的重要组成部分。国务院、国家卫健委、国家医保局连续下发文件,要求加速互联网医疗、医药、医保融合发展。公立医院的互联网医院进入全面建设阶段。这些都预示着,信息系统的发展也将与公共卫生深度结合,会逐渐改变人们的生活方式。

二、数据要素创造价值的机制

数据要素如何产生价值?这是一个很宏大的问题。数据要素本身并没有价值——人们无法从缺乏背景的数据中得到有用的信息,而数据的价值体现取决于使用数据的方式方法、技术手段。对数据进行认识、处理、传递的方式不同,数据所产生的价值也不同。从本源来说,数据的价值来源于它表达出事物的确定性,即更准确地刻画事物。人类社会的发展史,可以理解为人类利用数据来对抗不确定性、建立有序性的历史。

在任何时代,化解对不确定性的恐惧的三部曲都是对客观世界的理解、预测和控制。从远古到现代,人类一直在努力地提高数据要素的利用水平,以认识世界、理解规律、指导实践,从而解释过去、阐明现在、预测未来。数据的价值在于重构人类对客观世界的理解、预测、控制的体系模式。在人类社会生产力总和的不同发展阶段，数据体现价值的方式也是逐步进化的。

（一）农业时代数据如何创造价值

人类经过猿人、古人和新人逐渐演变而来。原始社会时期，人类匍匐在自然脚下，以亲族关系为基础，以母系社会为前提，在这一漫长的时期中，形成了以渔猎为主的文明。在生产力极端低下的时期，人们需要为了生存联合起来，而承担这种联结的东西除了物质和能量之外，数据（信息）是十分重要的。但彼时受限于技术手段，人类缺乏大量记录与计算的手段，导致人与人之间没有丰富的信息交换方式，只有肢体语言，只能借助面部表情、手势、哑语等原始方式来实现协同和通信。[①] 信息交换的范围也很小，社会生产、社会生活、社会管理尚未分化。人们只能在数据交换的范围内生活，逐渐由混沌状态分化为诸多相互隔离、彼此独立的小规模原始血缘群。

在原始社会，数据还未能被完全发掘和利用，但是已经在帮助人类构建对世界的理解和认知。数据反映客观事物及其运动状态，揭示客观事物的发展规律。人类通过自身的认识器官，包括感觉器官和思维器官，接收来自各种渠道的数据，利用思维器官将已收集到的大量数据进行鉴别、筛选、归纳、提炼、存储、转化为信息的处理，进而形成不同层次的感性认识和理性认识。

① 陈明远.语言学和现代科学[M].成都：四川人民出版社，1983.

辩证唯物主义认识论认为，人是认识的主体，人通过自己的意识去把握物质世界，数据则是物质与意识作用过程中的中介体。人们通过获得的不同数据来区别各事物。但是在原始社会，人的认识能力受到物质和技术手段的限制，数据的价值并没有被大规模开发出来。尽管人类有一定的利用数据的能力，已经作为具有自觉能动性的主体面对自然界，但人类对自然界的开发和支配能力还极其有限。

经过千百万年，人类共同劳动和交往的范围逐渐扩大，相互帮助和通力合作的场合日益增多，于是表达和传递数据的欲望逐步增长。语言随着劳动产生，也成为从猿进化到人的重要标志。语言，从某种意义上说，标志着劳动者在数据（信息）传递方面的飞跃，尤其是在记忆和传播知识的能力以及表达较复杂的概念方面。有声语言的直接交换，提高了信息密度，降低了失真率、多余度和模糊度。信息传递质量的提高和数量的增加，大大加快了信息的传递速度，提高了信息运用的时间效益，也扩大了信息的运用空间。语言大大促进了人群之间的交流，促进了最原始的经济和社会组织的出现，从氏族向胞族部落和部落联盟发展，加速了人类大分工的发展。但是有声语言未完全克服时空障碍，无法保持数据的连续性和传延性。

原始社会母系氏族繁荣时期的陶器上刻着符号，显示了群落中的记录和交流，这是文字的萌芽期。大约公元前 3500 年，人类发明了文字，这是信息第一次打破时间和空间的限制，人类初步克服了数据传递的时空障碍，也标志着人类文明的开始。

梅森说："铁和字母的采用，为人类社会提供了新的机会。"[①]人类不再局限于在原来的经济空间和自然空间活动，互通信息增强了他们征服自然的能力。同时，人们将生产和活动经验记载下来代代相传，劳动素质不断强化，信息库从个人大脑扩展到外部的可保存载体。

在农耕文明时期，青铜器、铁器、造纸术和印刷术的创造大大促进了信息的利用。甲骨文记载了商朝的社会生产情况和阶级关系，商周的青铜器上刻着"钟鼎文"。从活字印刷术到蔡伦改进造纸术，再到唐朝，大规模的书籍被印制出来，既能长久保存，又便于携带。[②] 工具的使用、管理的方法、思想和文明得以记录和传播。人类能够通过从事农耕和畜牧等物质生产活动获得所需的食物，通过产品剩余的交换和利用，构建起一套社会体系和生产关系，从奴隶社会到封建社会，形成比原始社会更大型的封闭的、独立的经济结构。

在这种大型的组织形态之中，数据是决策和计划的基础，是监督、调节的依据，是各管理层次、环节互相联络沟通的纽带。数据催生了社会化、系统化的知识，这些知识指导人类扩大生存领域和满足各种需要，也作为一种资源，影响着其他生产资料的有效获取、分配和使用。数据推动着人类文明不断演化，但这一时期社会生产力的发展和科学技术进步也比较缓慢，数据的认

① 斯蒂芬·F.梅森.自然科学史[M].上海外国自然科学哲学著作编译组，译.上海：上海人民出版社 1977.

② 薛永应，王师勤.信息在生产力发展中的地位和作用[J].求是学刊，1985，5：27-31.

识、处理和传播也处在初级阶段,没有也不可能给人类带来高度的物质文明和精神文明及主体的真正解放。

(二)工业时代数据如何创造价值

随着资本主义生产方式的产生,人类文明出现了第二次重大转折,从农业文明转向工业文明。工业时代是人类运用科学技术,控制和改造自然取得空前成功的时代。从蒸汽机到化工产品,从电动机到原子核反应堆,每一次科学技术革命都建立了"人化自然"的新丰碑。人们大规模地开采各种矿产资源,广泛利用高效化石能源,进行机械化大生产,并以工业武装农业,实现了农业的工业化。

工业革命带来了生产力的极大提高,数据的传播技术也出现了跨越式的发展。在这个时期,社会生产力系统由原来的以手工工具为手段来处理信息的简单系统发展为以机器为基础的复杂系统。电报、电话、广播、电视的发明和普及使用,使人类通信领域产生了根本性变革,实现了以金属导线上的电脉冲来传递信息以及通过电磁波来进行无线通信。1814 年 11 月 29 日,英国《泰晤士报》首次使用机械印刷。成功印刷《泰晤士报》的双滚筒印刷机每小时印刷量可达 1100 印张,相比古登堡手动印刷机的每小时 240 印张,生产效率提高了 4 倍多。1837 年(一说 1838 年),美国人莫尔斯(S.F.B.Morse)研制出了世界上第一台有线电报机。电报机利用电磁感应原理,使电磁体上连着的笔发生转动,从而在纸带上画出点、线符号。这些符号的适当组合称为莫尔斯电码，可以表示全部字母，于是文字就可以经电线传送出去了。1844 年 5 月 24 日，莫尔斯在美国国会大厦联邦最高法院议会厅进行了“用导线传递消息”的公开表演，接通电报机，用一连串点、线构成的莫尔斯码发出了人类历史上第一份电报：“上帝创造了何等的奇迹！”莫尔斯实现了长途电报通信，该电报从国会大厦传送到了 60 多千米外的巴尔的摩城。1864 年，英国著名物理学家麦克斯韦发表了论文《电磁场的动力学理论》，预言了电磁波的存在，指出光是一种电磁波，为光的电磁理论奠定了基础。电磁波的发现产生了巨大影响，科学家实现了数据的无线电传播，其他的无线电技术也如雨后春笋般涌现：1920 年，美国无线电专家弗兰克·康拉德（Frank Conrad）在匹兹堡建立了世界上第一家商业无线电广播电台，从此广播事业在世界各地蓬勃发展，收音机成为人们了解时事新闻的方便途径。1933 年，法国人克拉维尔（A.G.Clavier）建立了英法之间的第一条商用微波无线电线路，推动了无线电技术的进一步发展。1875 年，出生于苏格兰的亚历山大·贝尔发明了世界上第一台电话机；1878 年，他在相距 300 千米的波士顿和纽约之间进行了首次长途电话试验并获得成功。1895 年，俄国物理学家波波夫和意大利物理学家伽利尔摩·马可尼（Guglielmo Marconi）分别成功地进行了无线电通信实验。1894 年，爱迪生实验室的“电影视镜”问世。1896 年，马可尼发明了一台不用导线就能发射和接收信息的机器，不过，他的成果是以麦克斯韦和德国物理学家海因里希·赫兹（Heinrich R. Hertz）的研究为基础的。1925 年，英国人约翰·贝尔德(John L. Baird)发明了世界上第一台电视机。此外,静电复印机、磁性录音机、雷达、激光器等,都是信息技术史上的重要发明。这些发明使得数据的传递方式由"人—人"转变为"人—通信设备—人"。

伴随着产业和信息革命,生产力系统日益复杂化,技术体系和工具体系以机器为基础、以电信号为载体,成为连接、调控和决策的介质。在现代化大工业以前,信息技术作为一般生产力存在,对生产力发展的作用是间接的,对生产关系也不起决定作用,而是起着限制或促进作用。即使是这样的作用,影响也是巨大的。在15世纪以前,中国一直是公认的世界上技术领先、比较发达的国家。中国的众多发明,包括第一次信息处理的革命,造纸术与印刷术都比西方早几个世纪。但是由于明清两代的闭关锁国,放弃了技术创新及对世界先进知识的获取和学习,中国逐渐落后于世界。当西方已经进行了资本主义革命和工业革命,中国还处在漫长的封建社会。信息技术和生产力一直在相互影响,自工业革命起,信息技术已经物化为直接生产力,而且上升为生产力中的决定因素。

从这个时期开始,人类更深刻地认识到了数据的价值,对数据的发掘与利用更加成熟和系统化,科学和工业由此产生了更紧密的结合。科学技术造就了人类近代文明,但科学研究的成果、技术上的创新作为推动社会前进的直接生产力是需要转化的,而转化的桥梁或工具则是人们所要掌握的数据和其他一些因素。数据和信息技术赋予了人类认知世界的更高精度,无时无刻不在发挥着传播知识成果、继承和发扬人类文明的桥梁和工具作用。从最早的时代起就有机器被发明出来，它们极为重要，如轮子、帆船、风车和水车。但是，在近代，人们发明了做出发明的方法，人们发现了做出发现的方法。机械的进步不再是碰巧的、偶然的，而是系统的、渐增的。没有观察和实验数据，没有科研报告，没有书刊资料，没有机读信息，没有在人类历史长河中不断扩充和增值的知识与智能，就没有当今文明的社会，而这一切恰恰都来源于以某种形式流动的数据。这些数据既是科学技术自身，也是传播和推广科学技术并使其转化为生产力的工具和手段。

现代信息技术的使用，使劳动者不再被动地接受知识，而是可以进行主动的学习。网络正在逐渐成为劳动者的知识库，劳动者可以在需要某些知识的时候即时查询，网络使得劳动者可以应用的知识远远多于他有能力掌握的知识，极大地强化了劳动者的智力。现代信息技术的使用，可以促进其他科学技术的研究开发和成果的转化。信息技术可以使最新的科技动态在全世界迅速传播，科学家可以始终在最新科研成果的基础上进行研究，避免了同种产品的重复研究和重复开发，从而大大提高了科学研究的效率。科研成果通过信息技术迅速为大多数人所了解，可以被快速转化为生产力。

随着数据获得、传输、反馈的效率提升，各类组织也能够更有效地运行和管理。现代信息技术应用于现代化管理，可以大大提高管理的效率。过去，统计工作必须由很多人手工完成，费时费力还不准确。而采用信息系统,可以节约这些人力成本,使管理者能够快速掌握管理数据,提高了管理的效率,从而也提高了生产的效率,使对资源的开发利用更加容易。数据是确定研究开发方案的指南,是计划与决策的依据,是组织生产力系统有序运行的手段。

数据通过直接或间接地参与生产经营活动,创造出了越来越多的财富,但它的价值很难被精准地计算。准确适时对路的数据,可以带来一种新产品,或者让特定主体在贸易中处于有利地位;数据的交流可以鼓励竞争,消除垄断,使不同的企业或工程项目相互促进和发展;技术经济数据有利于产品的更新换代,有利于产品质量的提高,可以促进技术的进步和生产的发展;市场数据能提高全民经济生产的协调性;等等。在工业发达国家,数字经济正迅速发展成为经济增长的重要引擎,对世界各国的经济发展都产生了重要的影响。近些年来,我国信息产业的发展异常迅速,数字经济产值的快速增长很好地证明了数据在经济发展中所起的巨大作用。

(三) 信息时代数据如何创造价值

如今的时代,被称为信息时代。从 20 世纪 60 年代开始,电子计算机的普及使用及计算机与现代通信技术的有机结合带来了第五次信息技术革命,标志着新时代的开启。随着电子技术的高速发展,军事、科研迫切需要的计算工具大大改进。早在 1946 年,由美国宾夕法尼亚大学研制的第一台电子计算机诞生了。它重达30吨，如体育场般大小，打开电源时，由于耗电量太大，整个费城的电灯都会闪烁。而继1947年晶体管问世后，50年代出现了集成电路，从此引发了技术爆炸。1954年，第一台彩色电视机面世。后来，美国和英国联合铺设了一道横跨大西洋的海底电话电缆。

20世纪60年代开始，半导体价格大幅下降，产量激增，这使得计算机的普及应用成为可能。1965年，第一颗商业通信卫星晨鸟号发射成功；1976年，世界上第一条民用光纤通信线路开通；1979年，用户第一次用上了录像片系统装置。所有这些都标志着信息处理方式变革的第五次革命。这次革命标志着人类由近代生产力阶段跨入了现代生产力阶段。①

信息的概念已经被扩展到科学技术的广泛领域，渗透到经济、文化、社会等各个方面，成为人类文明的支柱之一。人类已从工业社会跨入信息社会。美国社会学家丹尼尔·贝尔（Daniel Bell）认为，知识和信息正在成为后工业社会的战略资源和变革力量。而信息的本质是数据，人类通过分析数据得到信息，数据也是信息的承载方式。在农业社会中，大部分数据都不能被直接应用于生产和社会实践。在工业社会中，数据开始显现出生产力的作用，但没有发挥主导作用，只是局部使用。所以在工业社会，工业生产力还是主要的生产力形态。在信息社会中，信息技术获得了更加高速的发展，数据的生产力性质发生了根本变

---

① 张德霖.论信息的生产力功能[J].经济科学，1989，6：63-72.

化，生产力结构也因此发生了质的变化，数据成为生产力中的主导性要素。

数据要素正在重构社会形态。工业社会是以工业生产为主导的社会，动力主要来自蒸汽机等机械技术。伴随着数据生产力的发展，数据和信息技术产业在工业社会发展中的主导地位和战略地位日趋凸显，引起了经济组织结构、产业结构、经济类型、教育文化和思想政治等方面的变化，数据生产力在不知不觉中变得强大起来并有力地推动了工业社会向信息社会的转变。信息社会现在被认为是人类社会历史进程中最发达的、最新的技术社会形态，是以信息技术的广泛应用和持续创新为核心的现代化社会，同时信息社会也是知识经济社会，它以数据与知识为主导。信息社会的形成和发展同数据生产力的形成和发展是分不开的，数据生产力是现代核心科技的代表，是推动当今技术社会形态产生和发展的根本动力，正如美国社会学家曼纽尔·卡斯特（Manuel Castells）认为的：社会能否掌握技术，特别是每个历史时期里具有策略决定性的技术，在相当程度上塑造了社会的命运。

数据正在推动科学技术的进步，推动生产模式的变革。人类认识客观世界的方法论也经历了几个阶段，从“观察+抽象+数学”的理论推理阶段到“假设+实验+归纳”的实验验证阶段，再到“样本数据+机理模型”的模拟择优阶段，目前已进入“海量数据+科学建模分析”的大数据阶段，即采用“数据+算法”的模式，通过大数据去发现物理世界的新规律，创新成本变得越来越低。在传统的产业创新中，无论是产品研发、工艺优化还是流程再造，都要经过大量实验验证。通常来说，实验验证过程复杂、周期长、费用高、风险大，产业创新往往是一项投入大、回报率低的工程。数据生产力对人类社会最大的改变，就是通过数字孪生等技术将人类赖以生存的物理世界不断数字化，并在赛博空间里建立虚拟镜像。赛博空间的实时高效、零边际成本、灵活构架等特点和优势，为产业创新带来了极大的便利。基于数字仿真的"模拟择优"，使得产业创新活动在赛博空间快速迭代，促使创新活动在时间和空间上交叉、重组和优化，大幅缩短了新技术产品从研发、小试、中试到量产的周期。它推动了大量数字平台的产生，降低了创新创业的门槛和成本，使得大众创业者能够依托平台，充分利用产业资源开展创新活动，直接参与到产品构思、设计、制造、改进等环节，真正实现了现实意义上的万众创新。数据分析技术的快速发展，促进了"需求—数据—功能—创意—产品"数据链条联动的逆向传播，生产过程的参与主体从生产者向产消者演进。个性化定制模式的兴起让消费者全程参与到生产过程中，消费者在产品过程中的发言权和影响力不断提升，以往以生产者为中心的正向整合生产要素的创新流程，正在向着以消费者为中心的逆向整合生产要素的创新流程转变。

数据要素正在改变产业结构，以数据和信息技术为先导的产业异军突起，传统产业的地位下降，而新兴产业的重要性在上升，生产模式正在进行大规模的数字化转型。在传统的经济发展中，尤其是工业经济的发展中，主要是强调单一产品生产规模扩大，产品的平均成本会逐步下降，这是一种追求单一产品成本弱增性的规模经济模式。数据生产力的发展，则更加强调在资源共享的条件下长尾蕴含的多品种产品协调，以满足客户的个性化需求，以及企业、产业间的分工协作带来的经济效益，这是一种追求多品种产品成本弱增性的范围经济模式。在数据生产力带来的范围经济发展中，生产运行方式、组织管理模式、服务方式都会发生根本性变化。全球正进入新一轮新型基础设施安装期，基于“IoT化+云化+中台化+App化”的新架构逐渐取代了传统的IT架构，加速全要素、全产业链、全价值链的数字化、网络化、智能化。无论是全球的互联网、ICT企业，还是金融、娱乐、制造企业，都将投入这场技术和产业大变革的洪流，无一例外。企业开始从业务数字化向数据业务化拓展。因数而智，化智为能，数智化转型的大幕已经开启。

数据要素正在改变劳动者的劳动方式。在这一阶段，计算机不仅能有效地处理数据，而且可以代替劳动者的部分常规性脑力劳动，促进了劳动者由机械型向创造型转化。各种结构化数据、非结构化数据带给人们更充分的学习机会、更高的受教育水平。个人的工作和生活变得越来越柔性化，类似于工作、生活、学习一体化的SOHO式工作和弹性工作等新形态将更为普遍。人类大规模协作的广度、深度、频率迈上一个新的台阶。工业化不断升级，新的协作组织不断涌现，需求方面临着千差万别的海量供给数据，供给方面临着千变万化的海量消费需求，无论是生产方、消费方，还是需求方、供给方，以及成千上万的市场经济活动的相关参与者，都融入了数字经济体。数字经济生态则表现为“云端制”的组织方式——“数字平台+数亿用户+海量商家+海量服务商”，这是一种超大规模、精细灵敏、自动自发、无远弗届的大规模协作的组织方式，也是人类历史上从未达到过的分工/协作的高级阶段。

数据要素正在促进精神文明的形成。这是因为，当信息时代的社会组织结构及实践基础、技术基础和经济基础都发生显著变革后，作为上层建筑的道德法律观、文化价值观和意识形态等方面也将逐渐产生相应的变化。思想文化领域越来越多地运用数字化手段来进行思想政治文化教育。例如，现在很多大学都上线了网络课堂和远程教育系统，极大地方便了想要学习的人，无论在哪里，只要接入网络就可以享受到全球的优质教育资源，这种数字化的教育与学习方式有力地扩大了人们平等接受教育的机会，提高了现代社会的教育质量。网络教育平台的推广和普及应用扩大了科学知识的传播和受众，提高了普通民众的科学文化水平。政治意识形态领域也受到数据生产力的影响，人们的价值取向正从利己向利大家转变，信息网络让人们得以超越个体的价值观而形成群体的价值观，借助数据化的平台可以推广和普及大众的价值观，这样更有利于社会和谐。

三、数据要素的市场价值

（一）数据价值的经济学体现

1. 数据产生经济价值的方式

物理学家采用熵函数来描述系统的无序化或有序化程度。

其中，熵值增长就意味着系统的无序化提高或有序化降低，熵值减少就意味着系统的无序化降低或有序化提高。从系统的外界输入负熵可抵消系统的熵值增长，从而维持和发展系统的有序化。所以说，从物理学角度来看，人类社会的一切生产与消费实际上就是负熵的创造与消耗。引申到经济学层面，人类的一切生产与消费实际上就是价值的创造与消耗。因此，从某种意义上说，价值即为负熵。

1948 年，香农定义信息为“用来消除随机不确定性的东西”，并且根据信息对消除不确定性的贡献定义事物的信息量。信息量由数据承载，数据能更准确地描述状态。人类对事物更精准的认知能带来更优质的决策，从而获得经济层面的价值。所以，经济学家认为，数据的经济价值正在于通过将风险事件转化为确切行动，实现效用的提升。

2. 被隐藏的数据价值

在工业经济时代，衡量一个经济体经济活动的最有效指标无疑是国内生产总值（GDP），它以货币作为媒介单位。但是在数字经济时代，大量经济活动将货币媒介排除在外了。

例如，消费者可以“免费”获得用户平台提供的许多服务，而平台反过来通过“免费”使用用户的数据来获得补偿。在这一过程中，平台与消费者（用户）绕开了货币媒介，直接使用数据展开在线交易。实际上，这部分经济活动被 GDP 统计遗漏了。尽管传统工业经济时代的 GDP 数据也遗漏了一些“免费”的经济活动，例如家务劳动的产出，但那些不能与当今飞速发展的信息经济相提并论。

（二）数据作为经济商品的性质与定价策略

1. 数据作为经济商品的性质

（1）数据商品的特性

数据商品的特殊性使得“边际成本上升，边际收益递减”“均衡价格是指边际成本等于边际收益”等传统经济学法则不再适用。数据商品的特殊性主要体现在以下几个方面：

首先，数据商品具有无限复制性，这种类似公共商品的特征，为数据商品的规模经济效应创造了条件。数据商品通常以数据和编码的形式储存，同时由于互联网虚拟产品的特殊性，数据商品也具备可复制性。因此，随着生产数量的增加，平均成本基本呈反函数形式快速下降（几乎只有固定成本），这为规模经济提供了可能性。

其次，数据商品具有先验性，即消费者在使用商品之前无法判定它的价值，只有在尝试之后才能对其作出判断。这种特性一定程度上提升了消费者购买数据商品的门槛，消费偏好趋于谨慎。

再次，数据商品具有外部性。通常来说，当一种数据商品被更多的人使用时，它的价值体量就会增加。因为当网络数据商品被更多的人使用时，新用户的不确定性就会降低。另外，数据商品在很大程度上依赖于不断补充，而更多的用户意味着数据商品使用价值的增加。

最后,数据商品具有一定的时效性。通常来说,数据商品会随着时间的推移或拥有者的增多而丧失其部分价值,数据商品在时间尺度上的有效性也成为其定价的一个重要因素。

(2) 传统经济学分析下的数据商品

在传统经济学分析中,商品的均衡价格由其边际成本和边际收益决定。当边际成本等于边际收益时,生产达到均衡。

如图 3-1(a)所示,从生产者的角度来看,在传统商品中,一般存在着“边际成本递增效应”,即边际成本曲线(MC)呈倒 U 形:在临界点(边际成本最低)之前,随着产量的增加,边际成本递减;而在临界点之后,边际成本会随着产量的增加呈现出增加的效应。从消费者的角度,随着传统商品消费数量的增多,消费者的边际支付意愿降低,即商品的“边际收益递减效应”,边际收益曲线(MR)斜率为负。综合两者,当边际收益曲线和边际成本曲线相交于某一点(P)时,市场达到均衡,而 P 点的横坐标和纵坐标分别与均衡状态下市场中商品的数量和价格相对应。

但是,正如前文分析的那样,数据商品具有零边际成本的特性,即固定成本极高,而相较之下可变成本几乎为 0。这使得其边际成本随着产量的增加趋向于零,边际成本曲线(MC)斜率为负,同时平均成本呈下降趋势[见图 3-1(b)],速度约为 c/N。这些均表明数据商品的转售价格极低,具有很强的规模经济性,这也为自然垄断提供了可能性。同时,从消费者的角度,数据商品具有网络经济的正反馈效应,即随着数据商品(被购买)的数量增加，其边际收益会上升。这也使得数据商品的边际收益曲线（*MR*）的斜率为正。在传统的经济学分析中，类似于传统商品，数据商品的边际成本曲线（*MC*）和边际收益曲线（*MR*）也会交于一点。但是此时市场无法达到均衡，因为如果生产者扩大生产，其仍可以获利。

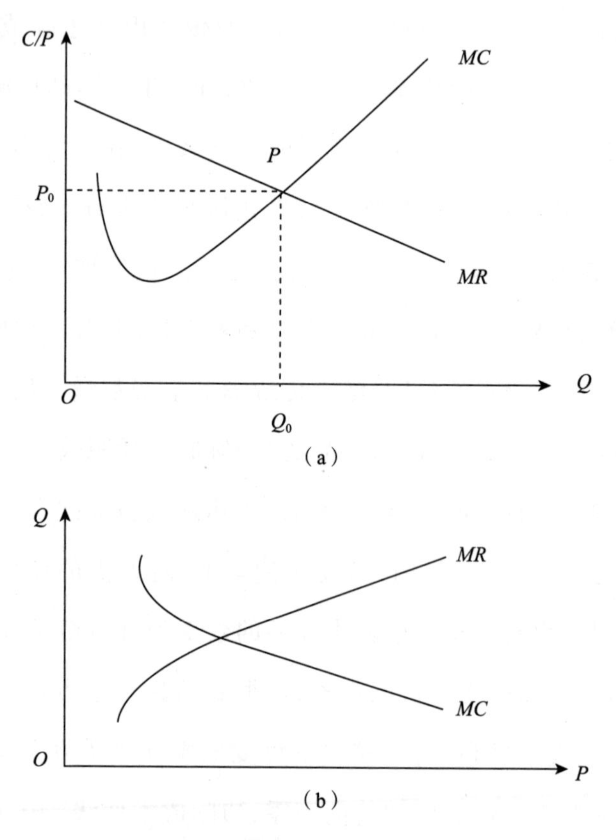

图 3-1　传统商品和数据商品的边际成本/效用曲线对比

（3）数据价值的经济学定义

现实中，一个人相比另一个人拥有的数据不同，其变化主要体现在决策的不同。一般来说，当一个人拥有更多有用的数据或者拥有更大的数据量时,那么其决策带来的收益(价值体现)就会更大。

在经济学中,一般用"数据不对称"来描述这种现象,其定义为:在市场经济活动中,各类人员对有关数据的了解是有差异的;其中,掌握数据比较充分的人员,往往处于比较有利的地位,而数据贫乏的人员,则通常处于比较不利的地位。

这种"有利"和"不利"的经济学体现,就是不同决策带来的不同收益。于是,可以通过这种思路来定义数据的价值:

设一个决策问题的状态集 $S=\{x_1,x_2,x_3,\ldots,x_n\}$,其中状态 x_i 的先验概率为 $p(x_i)$。获得数据价值 I 后得到结果 $Z=\{z_1,z_2,z_3,\ldots,z_n\}$。数据价值的定义如下:

$$I=E(R^*(x,z))-E(R)$$

其中,$E(R)$为先验分布 $p(x)$求出的期望报酬值。$E(R^*(x,z))$为得到数据价值 I 之后,通过计算各种状态下的后验分布得到的期望报酬,体现了经过数据分析之后的决策过程。

2. 数据作为经济商品的定价策略

数据商品的可复制性在一定程度上使其边际成本极小,所以其生产过程中的固定成本成了主要定价因素。图 3-2 给出了数据商品的价格形成过程:首先,根据其固定成本计算平均成本;同时考虑到垄断价格和目标利润,确定价格中的加成空间;在初步计算价格之后,观察市场反应以及对手的价格变化,从而制定初步的价格测试;在进行细微调整之后形成最终价格。

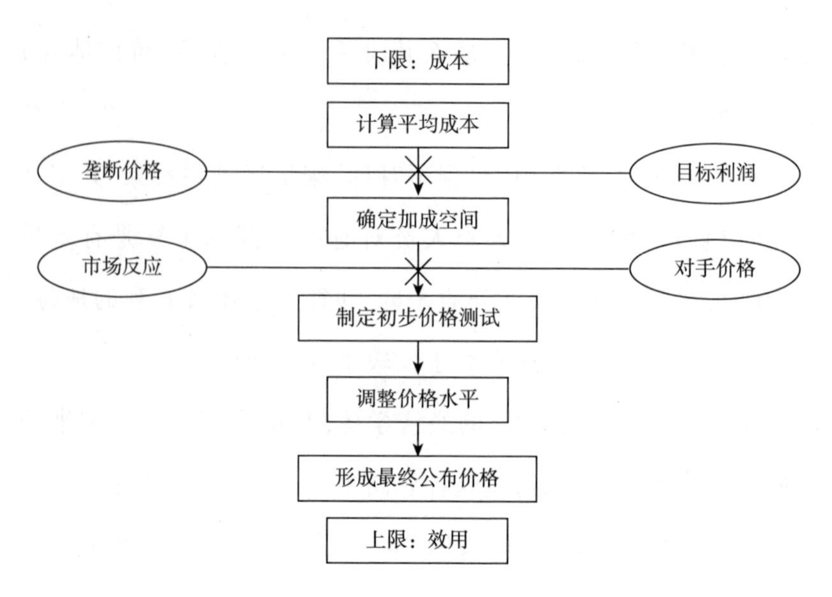

图 3-2　数据商品价格形成示意图

从经济学的角度出发，数据作为经济商品也存在不同的定价策略，下面对三种常用的定价策略进行阐述。

渗透定价策略：在商品进入市场初期，将其价格定在较低水平，尽可能吸引消费者的营销策略。这种定价策略的关键在于让数据商品以一个较低的价格打入市场，目的是在短期内加速市场成长，换句话说，就是"牺牲短期的经济利润来获得市场占有率"。渗透定价策略可以使数据商品具有成本经济效益，使成本和价格得以不断降低。

差别定价策略：生产数据商品的企业通过两种或者多种价格销售同一商品或者服务。差别定价的关键在于，价格并不是以成本为基础决定的，而是由商品和消费者的性质共同决定的。比如，从商品的角度，企业可以进行多重定价，即企业对于同一数据商品根据不同标准进行分割或者组合,赋以不同价格,从而实现市场细分。由于数据商品的固定生产成本较高,但是加工成本相对较低,一个数据商品可以通过变换一定的内容和形式,实现不同的功能。而这些功能和形式的变化能够更好地迎合不同类型的消费者。而从消费者角度,企业可以针对不同用户的支付能力,制定不同的收费价格,使各类用户都能购买该商品,从而实现企业收益最大化。歧视定价模型在经济学领域已经研究得非常透彻,此处不再赘述。

捆绑定价策略:将数据商品用捆绑打包的形式以统一的价格进行销售。在这种情况下,由于数据商品的边际成本很低,数据商品组合的价格往往低于分开销售的价格之和。这样做主要有三个目的:其一,捆绑销售在一定程度上降低了消费者偏好的差异性,更低的平均价格使得数据商品的组合对更广泛的群体具有吸引力。厂商可以得到更为庞大的消费群,从而及早回收研发与营销投资,获得高额利润。其二,降低了消费者的选择和搜索成本,一定程度上也降低了使用难度和交易成本,对交易双方来说是一种双赢。其三,捆绑的策略也有一定锁定的效果,例如微软 Office 软件的捆绑出售,由于网络外部性带来的正反馈效应及消费者的学习成本,Office 软件锁定了市场上的大部分用户,成功实现了“赢者通吃”。

(三) 数字经济发展的趋势

当前数字经济正在全球迅速兴起,并且显现出超乎想象的强劲发展势头。随着科技的不断进步,之前限制数据发展的难点不断被攻破,同时应用层次不断深化,这也促成数字经济规模的爆发式增长。“云计算+互联网+个人终端”的新型基础设施体系也在数字经济发展中发挥着重要的作用。除此以外,平台经济主导的新商业生态,成为数字经济不断发展壮大的中坚力量。它通过与众多合作伙伴的“共同创新”,为最终用户提供了不断增强的功能和应用的新场景。阿里巴巴课题组在《大势:中国信息经济发展趋势与策略选择》中简要指出了数字经济的十大趋势:数据量呈现指数级增长趋势、“云+网+端”成为新的基础设施、平台经济主导新商业生态、大数据的潜力得到了加速释放、大众创新不断涌现、大规模协作走向主流、互联网经济体崛起、互联网跨界渗透、跨境经济重塑全球贸易格局、信息空间主导权争夺愈演愈烈。可以看出,数字经济正在向更高效、多元化发展。

作为数字经济的主体,数据在其中扮演的角色需要得到明确的解释。事实上,在数字经济时代,必须从生产要素的角度去看数据的作用。数据成为独立的生产要素,历经了近半个世纪的数据化过程。从电子技术到计算机技术,再到通信电子技术,科学技术正超规模地迅速增长,而这也加速实现了数据量的爆炸性增长,标志着大数据时代的到来,也就是所谓的从信息技术(IT)到数据技术(DT)的升级。技术的不断突破,本质上都是在松绑数据的依附,最大程度加速新型生产要素的流动和使用。所以,当前大数据潜力的释放,实际上是反映了生产要素的一种升级。

四、对数据的度量——信息熵

（一）信息熵的定义

在信息论的基本思想中，传递信息的“信息价值”取决于信息内容出人意料的程度。如果一个事件很有可能发生，那么当该事件按预期发生时就不足为奇，也就是这种消息的传输携带很少的新信息。但是，如果一个事件不太可能发生，知道该事件已经发生或将要发生会提供更多的信息。例如，在购买彩票时，确定某个号码不会是中奖号码提供的信息非常少，因为每个号码中奖的概率本来就非常低。自然地，知道特定的数字会中奖就具有很高的价值，因为它传达了小概率事件的结果。

前文提到过，信息熵的概念是由香农提出的。为了纪念他，信息熵也被称为香农熵。在香农的通信理论中，数据通信系统由三个元素组成：数据源、通信通道和接收器。香农认为，“通信的基本问题”是让接收器能够根据它通过信道接收到的信号来识别数据源生成了什么数据。香农考虑了对来自数据源的消息进行编码、压缩和传输的各种方法，并发表了著名的源编码定理。这一定理证明了熵这一度量代表了源数据能在多大程度上无损地压缩到一个完美无噪声的频道中，也就是对熵给出了数学上的一个绝对极限。香农在噪声信道编码定理中也加固了这一结果。

信息论中的熵类似于统计热力学中的熵，即将随机变量的取值与微观状态的能量进行类比，因此熵的吉布斯公式在形式上与香农公式相同。熵也与其他数学领域（例如组合学）相关。

一个事件（X）的信息内容为 $I(X)$，它是一个随着时间发生概率减小的函数，具体形式为

$$I(X) = -\log p(X)$$

在随机试验（比如购买彩票）中，会有很多随机事件发生，很多信息都是关于一次随机试验的，自然需要衡量随机试验的信息量。一个自然的想法就是，以随机试验所带来的预期（平均）信息量来对其进行衡量，这就是熵的想法来源。[①]

给定随机变量 X、其可能的取值 $\{x_1, x_2, \cdots, x_n\}$ 与概率密度 $P(X)$，香农定义了随机变量的熵为

$$H(X) = E[I(X)] = E[-\log P(X)]$$

对于离散随机随机变量，可以表示为

$$H(X) = E[-\log P(X)] = -\sum_{i=1}^{n} P(x_i) \log_b P(x_i)$$

其中，b 表示对数使用的底数，比较常见的取值为 2、欧拉数 e、10。每种不同的取值对应着不同的信息熵单位：$b = 2$ 对应比特（bit），$b = \mathrm{e}$ 对应奈特（nat），$b = 10$ 对应哈特利（ban）。熵的一个等效定义是一个随机变量自信息的期望值。[②] 自然地，该定义

① MacKay D J C. Information theory, inference, and learning algorithms [M]. Cambridge: Cambridge University Press, 2003.

② Pathria R K, Beale P D. Statistical mechanics of interacting systems: the method of cluster expansions [M]//Statistical Mechanics. 3rd ed. London: Academic Press, 2011: 299-343.

也非常容易推广到连续随机变量当中,即将求期望的部分变换为积分即可。

考虑一个抛硬币的例子。如果正面的概率与反面的概率相同,那么抛硬币的熵就与两种可能出现的结果的信息量一样大。这样就无法提前预测抛硬币的结果(这里的预测指做出的判断更可能会发生):如果必须做出选择,预测抛硬币会出现正面或反面不会获得更高的出现概率,因为正反面出现的概率都是0.5。这样,一次抛硬币含有的熵为 $H(X)=1$(以比特为单位),即传递一整位信息。已知:

$$H(X)=-\sum_{i=1}^{n} P(x_i)\log_b P(x_i)=-\sum_{i=1}^{2}\frac{1}{2}\log_2\frac{1}{2}=1$$

然而,如果知道硬币是不公平的,即出现正面与反面的概率分别为 p 和 q,其中 $p\neq q$,则此硬币相对于公平硬币不确定性较小。每次抛出时,一侧比另一侧更有可能出现。因此,抛一次硬币就会具有较低的熵:平均每次抛硬币传递不到一整位信息。例如,如果 $p=0.7$,则

$$H(X)=-0.7\log_2 0.7-0.3\log_2 0.3\approx 0.8816<1$$

各概率均等(均匀分布)会产生最大的不确定性,也就是熵最大的情况。极端情况是一个有两个正面的硬币,那么这一次试验具有的熵为零——因为硬币落下时总是正面朝上,没有不确定性,结果可以完美地预测。这次试验不能给出额外的信息。

通过这种定义方式考虑抛硬币与掷骰子这两个随机试验。自然,掷骰子比抛硬币具有更高的熵,因为与抛硬币的每个结

果的概率（约 1/2）相比，掷骰子的每个结果都有更小的概率（约 1/6）。

可以进一步定义两个随机变量 X,Y 的条件熵 $H(X|Y)$，对于离散分布的情况：

$$H(X|Y)=-\sum_{i,j}p(x_i,y_j)\log\frac{p(x_i,y_j)}{p(y_j)}$$

其中，$p(x_i,y_j)=P(X=x_i,Y=y_j)$。这个信息量应该被理解为在给定 Y 的情况下，X 的信息熵。

（二）信息熵的性质

1. 信息量的性质

下面对信息熵的定义进行辨析，信息熵是根据随机变量的概率密度 p 定义的函数——信息量 $I(p)$。信息量的定义方式来源于香农，他认为信息量应具备如下基础性质①：

（1）$I(p)$ 对 p 是单调递减的：观察到较高概率的事件会降低从观察到的事件中获取的信息量，反之亦然。

（2）$I(p)\geqslant 0$，信息量是非负的；$I(1)=1$，确定性的事件不传递信息。

（3）若 p_1,p_2 代表的两个随机变量相互独立，则 $I(p_1,p_2)=I(p_1)+I(p_2)$，即从独立事件中学到的信息是从每个事件中学到的信息的总和。

---

① Carter T, et al. An introduction to information theory and entropy[J]. Santa Fe: Complex Systems Summer School, 2000.

根据上述三条基本假设,香农发现满足函数的形式为

$$I(p)=k\log p \qquad k<0$$

实际上 k 的不同取值对应着不同的计量信息单位。

在这里,需要注意到事件(消息)的含义在熵的定义中无关紧要。熵只考虑观察到特定事件的概率,所以它封装的信息是关于底层概率分布的信息,而不是事件本身的含义。

2. 熵的基础性质

类似于信息量,熵也有一些比较基础的性质。给定随机变量 X,其可能的取值为 $\{x_1,x_2,\cdots,x_n\}$,记

$$p_i=P(X=x_i);H_n(p_1,p_2,\cdots,p_n)=H(X)$$

那么熵有如下基本性质:

(1) 连续性。$H(X)$应该是连续的,即概率较小的扰动也只会导致熵的少量变化。

(2) 对称性。如果对事件结果 x_i 重新排序,熵应该保持不变。即

$$H_n(p_1,p_2,\cdots,p_n)=H_n(p_{i_1},p_{i_2},\cdots,p_{i_n})$$

其中,$i_1,i_2,\cdots,i_n$是 $1,2,\cdots,n$ 的一种重排。

(3) 最大性。所有结果的概率相等的情况下熵最大,即对于任意一种事件概率$(p_1,p_2,\cdots,p_n)$,有

$$H_n(p_1,p_2,\cdots,p_n)\leqslant H_n\left(\frac{1}{n},\frac{1}{n},\cdots,\frac{1}{n}\right)$$

可以通过琴生不等式加以证明。

(4) 对于等概率事件,熵应该随着结果的数量而增加:

$$H_n\left(\frac{1}{n},\frac{1}{n},\cdots,\frac{1}{n}\right) < H_{n+1}\left(\frac{1}{n+1},\frac{1}{n+1},\cdots,\frac{1}{n+1}\right)$$

（5）可加性。给定一个由 n 个均匀分布的元素组成的集合（总系统），若将这些元素分成 k 个盒子（子系统），每个盒子（盒子系统）有 $b_1,\cdots,b_k$ 个元素，那么整个总系统集成的熵应该等于子系统的熵与盒子系统熵的概率加权和，即

$$H_n\left(\frac{1}{n},\frac{1}{n},\cdots,\frac{1}{n}\right)=H_k(b_1,\cdots,b_k)+\sum_{i=1}^{k}\frac{b_i}{n}H_{b_i}\left(\frac{1}{b_i},\frac{1}{b_i},\cdots,\frac{1}{b_i}\right)$$

3. 熵的更多数学性质

香农熵还具有以下属性，这些属性对于理解熵（通过揭示随机变量 X 的值而消除的不确定性）是有用的。

（1）添加或删除概率为零的事件对熵没有影响：

$$H_n(p_1,p_2,\cdots,p_n)=H_{n+1}(p_1,p_2,\cdots,p_n,0)$$

（2）考虑 (X,Y)（同时进行试验 X 和 Y）所揭示的信息量（熵）等于通过进行两次连续试验所揭示的信息。比如，首先进行试验 Y，然后基于 Y 的信息进行试验 X（需要计算条件熵），反之亦可①：

$$H(X,Y)=H(Y)+H(X|Y)=H(X)+H(Y|X)$$

（3）若 $Y=f(X)$，即 Y 与 X 有确定性的关系，那么自然有 $H(f(X)|X)=0$。利用（2），可以得到

$$H(X,Y)=H(X)+H(f(X)|X)=H(f(X))+H(X|f(X))$$

① Cover T M, Thomas J A. Elements of information theory [M]. New York: John Wiley & Sons, 1991.

进一步，自然有 $H(f(X)) \leqslant H(X)$，即随机变量的熵在进行函数映射后会减小。

（4）如果 X 和 Y 是两个独立的随机变量，那么 Y 的信息不会影响 X 值的信息（独立性）：

$$H(X|Y)=H(X)$$

（5）两个同时发生的事件的熵不超过每个单独事件的熵之和，即 $H(X,Y) \leqslant H(X)+H(Y)$，当且仅当两个事件独立时相等。[①]

五、机器学习中的数据价值

机器学习是大数据时代的热点，为人们所熟知的"大数据杀熟"、人脸识别系统均以机器学习的模型算法作为基础。机器学习算法是一类自动分析数据获得规律，并利用规律对未知数据进行预测的算法，其中涉及大量的统计学理论，与统计推断联系尤为密切，因此机器学习也被称为统计学习。如今，机器学习已经成为大数据公司的重要组成部分，其广泛应用于数据挖掘、计算机视觉、自然语言处理、生物特征识别、搜索引擎、医学诊断、检测信用卡欺诈、证券市场分析、DNA 测序、语音和手写识别、战略游戏和机器人等领域。

机器学习能够从原始数据要素中提取社会经济所需要的信息，进而指导相关决策，提高经济活动的效率，完成从要素到价

---

① Cover T M, Thomas J A. Elements of information theory [M]. New York: John Wiley & Sons, 1991.

值的转化。机器学习是连接数据要素与价值的重要桥梁;机器学习模型能从无序的数据要素中寻找联结现实的有序规律,总结知识,创造价值。因此,数据要素的估值与机器学习模型是密不可分的,在这一过程中探索数据的价值是十分有效的,结合机器学习的具体模型,就是数据要素借助不同学习模型所创造出的价值大小。在对这一较为特殊的数据价值进行探讨之前,我们先对机器学习进行概述。

(一) 机器学习与机器学习中的数据价值

从出生开始,人们就一直在学习。随着身体机能的成熟,从行动到语言,从生活到工作,人们不断丰富、完善自己。学习的过程也是试错的过程,比如在靠近火的时候,人会因为过热而远离,进而明白要和火焰保持距离。

机器学习,顾名思义,就是让机器像人一样进行试错,使其拥有和人接近的判断能力。利用机器高效的计算能力,将其应用到图像识别、自动驾驶等场景中,而提升机器判断能力的过程也就是机器学习。每个数据点都是机器学习进行的一次尝试,每个数据点又会将尝试的结果反馈给机器,在不断循环迭代中,算法不断捕获有效信息,提升判断能力。

机器学习总体而言可以分为四大类:有监督学习、无监督学习、半监督学习、强化学习。

(1) 有监督学习

有监督学习是从给定的训练数据集中学习出一个函数,当新的数据到来时,可以根据这个函数预测结果。“有监督”指机器的学习过程是有数据指导、有目标的，在训练过程中，计算机可以通过训练集的给定数据判断模型预测的结果正确与否，从而对模型进行调整。因此，训练集要求包括输入和输出，也可以说是特征和目标。训练集的目标是由人标注的，是人类认为"正确的"判断。常见的监督学习算法包括回归分析、分类（包括逻辑回归、随机森林、支持向量机、神经网络等模型）。

（2）无监督学习

无监督学习与有监督学习相比，训练集没有被标注的标签信息，即在训练过程中，机器不能得到指导。有监督学习和无监督学习的差别就是训练集目标是否被人标注。它们都有训练集且都有输入和输出。常见的无监督学习算法有生成对抗网络（GAN）、聚类分析等。

（3）半监督学习

半监督学习介于有监督学习和无监督学习之间，通常解决由成本导致的标注数据较少的问题。在训练集中，有一部分数据被人标注而另一部分没有，一般来说，无标签数据比有标签数据多很多。半监督学习使用有标签的数据作为初始，结合图的结构与数据间的关系对无标签的数据进行标注，并将标注后的一部分数据也加入训练集中，二者结合最终完成对任务的预测。主要的半监督学习方法有自训练算法、基于图的半监督算法、半监督支持向量机等。

（4）强化学习

强化学习也是机器学习的一个重要分支，它的想法来自多臂老虎机问题，通常被用来解决决策优化的问题。决策优化问题是指面对特定状态(State)采取什么行动(Action)方案，才能使收益(Reward)最大化。生活中的很多场景都涉及决策优化问题，比如下棋、投资、课程安排、驾车路线等。强化学习是为了达成最优回报，随着环境的变动，会逐步调整模型的行为，并评估每一次行动所得到的回馈是正向的还是负向的，从而逐步调整行为策略。强化学习常用的算法有蒙特卡洛法、SARSA、Q-Learning 等。围棋中人工智能算法 AlphaGo 就是强化学习应用的例子。

上面列举了机器学习的主要分类，可以看到，所有算法都遵循从数据到价值的模式。在大数据时代，数据集的规模飞速增长，既提高了算法精度，也为数据管理提出了更高的要求。在机器学习模型中，每个数据点对机器学习的模型预测的价值不尽相同，比如一些数据由于采样误差、记录误差而与现实情况偏离较大，往往对模型拟合有副作用，不适合加入模型。因此，需要对数据集中每个数据点的重要性进行衡量，甚至标定价值。这不仅有助于优化模型的性能，也为数据治理、数据交易提供了先决条件。

(二) 评估机器学习中数据价值的方式

1. 不确定性减小的收益

Value of Information (VoI)分析是一种评估利用一定形式的数据收集实验（如药物试验、基因测序）来减少不确定性所带来的预期收益的方法。VoI 起源于雷法和施赖弗在哈佛大学关于统计决策理论的工作。[①]

在统计学中，收集数据可以让人们对事物的认识更加清晰，但与此同时，收集数据也需要成本。数据带来了更准确的估计，这也是数据的价值。VoI 进行的就是这种收益与成本的评估。因此，它可以用来评估一些待开展研究项目的成本效益，例如对新药额外进行 100 次临床试验是否值得（从减少的不确定性带来的收益和进行额外试验的成本来分析）。

VoI 从根本上是基于贝叶斯统计框架，其中的概率表示对参数估计值的置信度，而不是事件发生的长期相对频率（频率学派的观点）。对于一个未知事物，人们可以利用一些已知分布对其进行猜想性的描述，这就是先验分布。贝叶斯分析的关键就是利用贝叶斯公式，从采样数据（其分布就是似然函数）中抽取先验分布中的参数最有可能的取值，以此更新先验分布的参数。因此，贝叶斯分析也被称为后验分析。VoI 需要基于先验分布预测样本的似然函数，并以此生成预期的后验分布。通俗地说，数据收集实验（比如临床试验）是根据既有的知识设计的。这些实验数据再与当前的知识相结合，在收集数据后再进一步分析，更新知识的状态。

比如在一些医药公司中，VoI 就常常被用来评估药物是否需

---

① Raiffa H, Schlaifer R. Applied statistical decision theory [M]. Boston: Division of Research, Harvard Business School Press, 1961; Schlaifer R. Probability and statistics for business decisions: an introduction to managerial economics under uncertainty [M]. New York: McGraw-Hill Book Company, 1959.

要进一步试验。这种数据价值的衡量有助于引导未来的研究、实验工作，使人们在有限的禀赋（资金）条件下，实现预期回报最大化。VoI的计算使得研究人员可以比较额外试验的成本和额外试验给未来带来的边际收益，以此确定应该设计的最优试验样本量。与厂商理论中的利润最大化条件概念类似，最佳点显然是边际成本等于边际收益时的样本数量。

上面谈到的回报涵盖的范围是比较宽泛的，例如利润、产出、收入，也可以是比较抽象的概念，例如幸福、福利、效用。同样，实验可以针对任何减少收益不确定性的东西。具体来说，假设一家医疗用品公司追求利润最大化。它希望投资新的制造设施，以提高产量，进而扩展自己的市场。然而，只有其产品的需求足够大时，产能的扩张才有意义。如果外界需求低于预期，产能扩张后的销售量将不足以使投资赢利。这种情况下，企业优化的目标函数是利润，其中的不确定因素就是需求量。企业面临的决策问题就是投资新设施，或者延迟投资（维持目前的产出水平）并进行市场研究以减少需求的不确定性，然后再做出投资决策。"延迟和研究"策略的预期成本是研究本身的成本加上立即投资带来的任何预期利润增长。该策略的预期收益是通过降低做出"错误"投资决策的可能性带来预期损失的减少。

同样的逻辑也适用于个人决策。假设一个着眼于效用最大化的消费者在酒吧面临对啤酒的选择。第一，消费者现在可以选择随机购买一种。第二，他可以对每种啤酒进行采样（类似于药物研究中的试验），根据这次获得的新数据再做出决定。第二种研究的成本是延迟享受啤酒与采样的成本,但好处是减少了随机选择啤酒的不确定性,从而识别最优啤酒的可能性更高,实现最大化效用。

在这两个例子中,问题与其解决思路是相同的:额外获得数据的价值是否超过其成本?在前者中,即是研究后再投资的策略的预期收益是否超过了现在投资决策的预期收益;在后者中,则是先大面积采样再做决定的预期效用是否超过了在没有采样的情况下随机选择一种啤酒的预期效用。

VoI 研究框架中的几个关键度量是完美信息期望价值(Expected Value of Perfect Information,EVPI)、抽样信息期望值(Expected Value of Sample Information, EVSI)、抽样期望净收益(Expected Net Gain of Sampling,ENGS)、完美参数信息的期望值(Expected Value of Perfect Parameter Information,EVPPI)。下面结合一个具体例子来对这几个量进行说明。

如果决策面临两个行动方案 A 和 B,很容易通过计算两个方案的预期收益的差值来辅助决策。比如,计算方案 B 的预期收益减去方案 A 的预期收益,收益可以是现金、利润、效用等。定义这一差值为增量净收益(Incremental Net Benefit,INB),为叙述方便,假设图 3-3 为增量净收益的概率密度分布,下文将 INB 记作 ΔB。[①]

① Wilson E C F.A practical guide to value of information analysis[J].PharmacoEconomics, 2014,33(2):105-121.

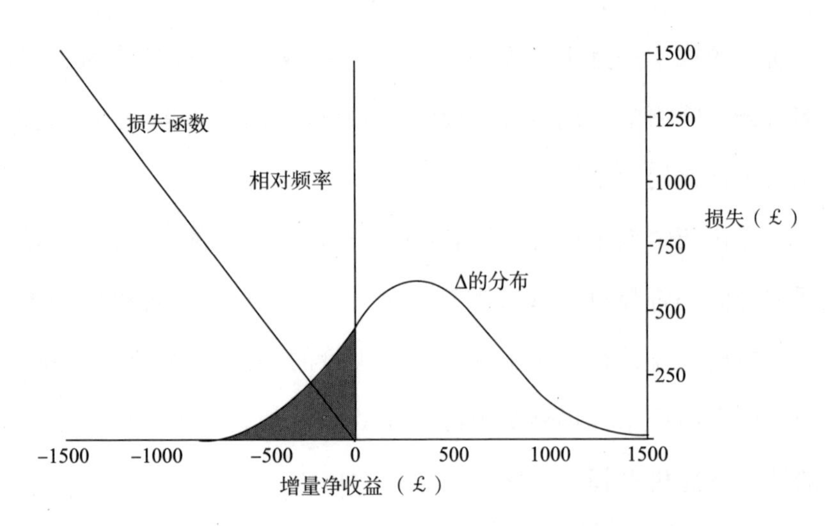

图 3-3　增量净收益(主纵轴)的分布和对应的损失函数(辅纵轴)

期望收益差值 $E\Delta B=+300$,因此理论上应该采用 B 方案。所以如果试验中产生的 $\Delta B>0$,则会没有损失,即为 0,反之就会产生损失。曲线下阴影面积的比例是在决策后有损失的概率。

由于不确定性,利用期望进行决策(选择 B 方案)有可能是错误的,如阴影区域所示 。如果事实上,$\Delta B=-250$,选择 B 方案就是错误的决定,即使用 A 方案,收益会高出 250 英镑;因此,损失(称为机会损失)为 250 英镑。同样,如果 $\Delta B=-500$,则机会损失就为 500 英镑。

因此,机会损失在图 3-3 上为辅纵轴上的 $-\infty$ 到 0 的 $-45°$ 直线。如果 $\Delta B=100$,或者其他任何正值,则不会有机会损失。因此,损失函数会在原点转折,在大于 0 时与横轴重合。

(1) 完美信息期望价值 (EVPI)

简单来说,“错误”的概率乘以错误的平均后果(机会损失)

就是与不确定性相关的预期损失，也可以理解为完全消除不确定性的预期收益，即完美信息期望价值(EVPI)。

假设问题面临的决策空间为 D，$d \in D$ 代表从决策空间中选出的决策。X 为随机变量，代表问题中不确定的状态，x 为状态的每一个真实取值，$p(x)$ 代表随机变量 X 的先验概率密度函数。$U(d,x)$ 代表在状态为 x 的情况下，做出 d 决策所带来的效用。那么，EVPI 可以表示为

$$\text{EVPI}=\int_X \max_d U(d,x)p(x)\,\mathrm{d}x-\max_{d\in D}\int_X U(d,x)p(x)\,\mathrm{d}x$$

通俗地讲，如果人们能知道完美的信息，就能在每个随机状态 x 下做出最优的抉择，也就是第一项，而人们通常只能根据现有数据计算期望，达到期望意义上的最优，这二者的差距就是目前获得的完美信息期望价值。

在实际中，人们使用一个离散分布来辅助说明这一概念。如果现在的信息分别是如图 3-4 所示的离散分布，随着统计样本的增加，该分布会逐步逼近连续分布，如图 3-4(a)、图 3-4(b)、图 3-4(c)三个图的递进情况所示。

在图 3-4(a)中，现有信息是两个点的离散收益分布，而完美信息则是知道何时会发生最优的情况(上帝视角)，计算收益与损失如下：23%的概率会导致 500 的损失，77%的概率导致 500 的收益。因此，预期收益(INB 的期望)为 $0.23\times(-500)+0.77\times500=270$，预期损失(EVPI)为 $0.23\times500=115$。

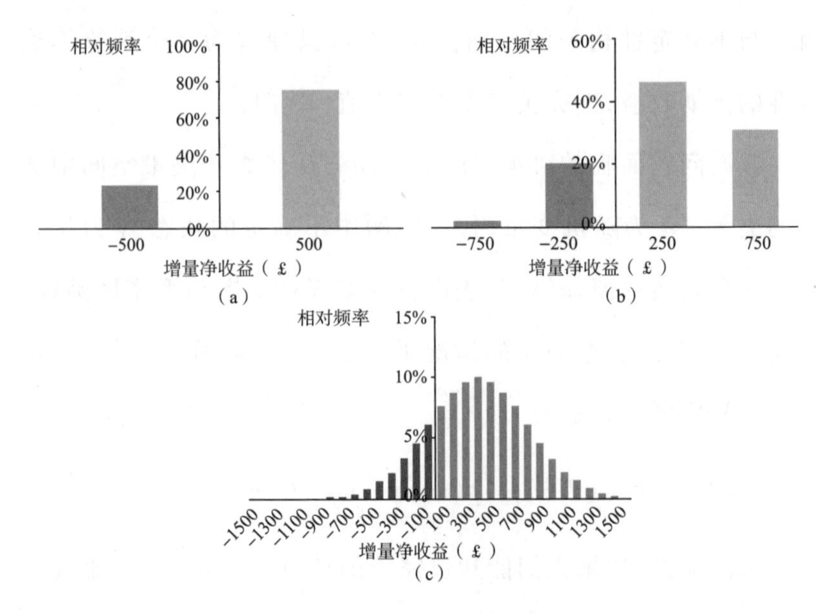

图 3-4　相对频率与信息收益

在图 3-4(b)中，相同的决策问题的收益则满足-750、-250、250、750 这四个数值的离散分布，分别具有 2.3%、20.4%、46.5%、30.8%的概率。由此，预期的 INB 即为 0.023×(−750)+0.204×(−250)+0.465×250+0.308×750=279，预期损失(EVPI)为 0.023×750+0.204×250=68.25。在图 3-4(c)中，该随机变量被进一步细分，比如可以计算 298 的期望 INB 和 52 的 EVPI。这种细分是观察到的样本点的增多带来的，离散分布在无穷细分的状态下会无线趋近于图 3-3 所示的连续分布(INB=300，EVPI=52)。可以看到，随着样本的增加，EVPI 在逐渐变小，说明距离完美信息状态已经越来越近，也就是数据带来了信息价值。接下来，将使用抽样信息期望值（EVSI)对其进行衡量。

（2）抽样信息期望值（EVSI）和抽样期望净收益（ENGS）

假设针对决策可以开展一些研究活动，以减少 INB 的不确定性（减少决策的不确定性）。对于问题的研究，采用贝叶斯框架研究首先是研究对于 INB 的先验信息，其中包含 INB 的期望、标准差等统计量。当获得新的样本，这些样本数据就能与先验信息结合，得到关于 INB 的后验分布。如果先验信息与样本偏差较大（研究初期），研究就可以修正认知；如果先验信息与预测样本结果比较一致，这时就能减小目标参数的标准差。在第二种情况下，比较形象的表示就是“收紧”分布，如图 3-5 所示。

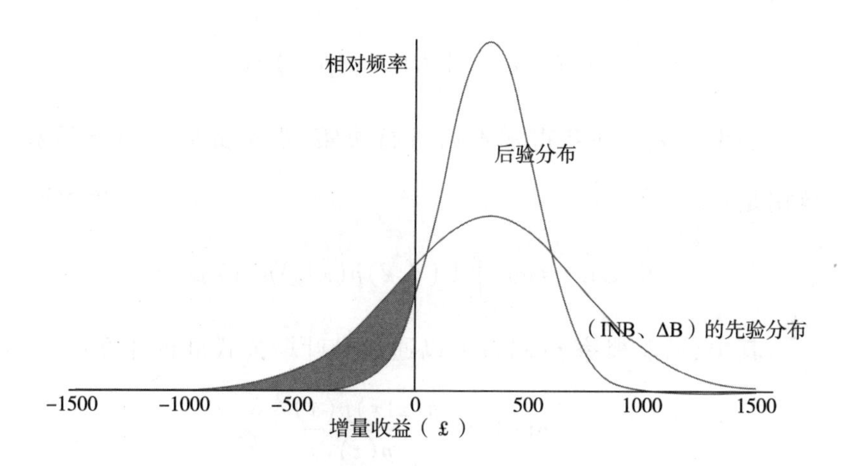

图 3-5　INB 的先验分布和预期后验分布

可以看到，分布“收紧”了，这实际上降低了做出错误决策的概率，该概率的大小也就等于先验分布函数下所示的阴影比例。

由此，样本减少了与不确定性相关的预期损失（在这种情况下，前后均值是基本不改变的）。那么，这部分收益也就是样本带来的数据价值——EVSI。下面用数学符号表示 EVSI。

假设问题面临的决策空间为 D，$d \in D$ 代表从决策空间中选出的决策；X 为随机变量，代表问题中不确定的状态，x 为状态的每一个真实取值；$(z_1, z_2, \cdots, z_n)$ 是研究/实验的 n 个新样本点；$p(x)$ 代表随机变量 X 的先验概率密度函数，$p(z_i \mid x)$ 表示样本 z_i 的条件先验分布，则所有样本的联合分布为 $p(z \mid x) = \prod_{i=1}^{n} p(z_i \mid x)$（假设样本是独立同分布的）；$U(d, x)$ 代表在状态为 x 的情况下，做出 d 决策所带来的效用。

首先可以得到仅基于先验分布，没有进行任何进一步观察的最优决策的效用：

$$E[U] = \max_{d \in D} \int_X U(d, x) p(x) \mathrm{d}x$$

如果决策者在获得样本后进行决策，那么此时的最优后验效用是：

$$E[U \mid z] = \max_{d \in D} \int_X U(d, x) p(x \mid z) p(x) \mathrm{d}x$$

其中，后验概率 $p(x \mid z)$ 可以通过贝叶斯公式进行计算：

$$p(x \mid z) = \frac{p(z \mid x) p(x)}{p(z)}$$

$$p(z) = \int_X p(z \mid x) p(x) \mathrm{d}x$$

因为不知道获得一个样本的实际情况，所以必须对所有可能的样本求平均值，以获得给定样本的预期效用：

$$E[U \mid SI] = \int_Z E[U \mid z] p(z) \mathrm{d}z = \int_Z \max_{d \in D} \int_X U(d, x) p(z \mid x) p(x) \mathrm{d}x \mathrm{d}z$$

这样，抽样信息期望值（EVSI）就可以定义为获得样本后的效用与原始效用的差值：

$$
\begin{aligned}
\text{EVSI} &= E[U \mid SI] - E[U] \\
&= \int_Z \max_{d \in D} \int_X U(d,x) p(z \mid x) p(x) \, \mathrm{d}x \mathrm{d}z - \max_{d \in D} \int_X U(d,x) p(x) \, \mathrm{d}x
\end{aligned}
$$

不难想到，小规模的研究（较少观测样本）会产生较小的EVSI，而较大规模的研究（大量观测样本）会产生较大的EVSI。但大规模研究也意味着更多的花费，因此需要权衡是否要以高成本的代价完成大规模研究以产生较大的EVSI。一个自然的想法是计算EVSI和研究成本的差，将其定义为抽样期望净收益（ENGS）。根据定义自然得到最大化ENGS的样本量并且会最大化预期投资回报，由此就可以确定最优的研究规模。

（3）完美参数信息期望值（EVPPI）

除上述情况之外，对于目标函数的参数，可能只会获得部分参数的信息，因此这时候要对部分参数的信息价值进行估计。由此定义完美参数信息期望值（EVPPI），即消除目标函数的部分（一个或多个）输入参数的不确定性带来的价值。

一般来说，假设状态 x 是一个向量，且其状态可以分为两部分，即 $x=(\phi,\psi)$，其中一部分参数是人们感兴趣的，可以通过研究得到额外的信息参数（比如 ϕ），而另一部分参数 ψ 是剩下的冗余参数（Nuisance Parameters），人们对其不感兴趣或者无法获得其信息。

在这种情况下，与EVPI类似，人们感兴趣的是 ϕ 中的完美信息的价值是多少，我们将其定义为EVPPI。为了计算EVPPI，首先需要计算基于 ϕ 的每种取值的最优决策的净收益（先利用

期望排除 ψ 的随机性）[①]：

$$E[U \mid \phi] = \int_{\phi} \max_{d \in D} \int_{\psi} U(d, \phi, \psi) p(\phi, \psi) \mathrm{d}\psi \mathrm{d}\phi$$

所以，类似地，定义其与未获得信息时的最优决策的预期效用的差值为

$$\mathrm{EVPPI} = \int_{\phi} \max_{d \in D} \int_{\psi} U(d, \phi, \psi) p(\phi, \psi) \mathrm{d}\psi \mathrm{d}\phi - \max_{d \in D} \int_{\phi, \psi} U(d, \phi, \psi) p(\phi, \psi) \mathrm{d}\psi \mathrm{d}\phi$$

2. 机器学习中数据点的影响

随着计算机硬件算力的发展和理论的推进，机器学习的影响力逐步扩大。机器学习的模型越来越复杂、参数越来越多：从最简单的线性模型、广义线性模型到支持向量机、随机森林，再到深度神经网络、卷积神经网络。更复杂的模型提高了精确率，但同时对模型进行解释也越发困难。

在机器学习领域，一个关键问题经常被提及："为什么机器学习系统做了这一预测？"人们不仅想要高性能，而且希望它可以解释。通过了解为什么模型能做到这些预测，一些学者希望进一步改进模型，并借此发现新的科学知识，以及提供对影响机器学习行为的解释。[②]

① Ades A E, Lu G, Claxton K. Expected value of sample information calculations in medical decision modeling[J]. Medical decision making, 2004, 24(2): 207-227.

② Amershi S, Chickering M, Drucker S M, et al. Modeltracker: redesigning performance analysis tools for machine learning[C]//Proceedings of the 33rd Annual ACM Conference on Human Factors in Computing Systems, April, 2015: 337-346; Shrikumar A, Greenside P, Kundaje A. Learning important features through propagating activation differences[C]//34th International Conference on Machine Learning, 2017: 4844-4866.

然而,在很多领域中表现最好的模型(例如用于图像和语音识别的深度神经网络[1])是十分复杂的黑盒模型,其预测行为是难以解释的。现有的一些工作对这些黑盒模型的解释集中在理解一个特定的模型如何产生特定的预测。比如,在测试点的邻域局部拟合一个更简单的模型[2];通过扰乱对测试的数据点进行一些扰动,以查看模型预测的变化情况[3]。这些工作更多的是辨析模型影响预测结果的方式,但是预测的结果在很大程度上取决于数据的本质特征。每一个训练集的数据点都对最后的预测工作做出了贡献,也就是这一个点提供的数据价值。

为探究每个点提供的数据价值,先来回顾一下机器学习的整体流程。首先人们会提出一个适合具体问题的学习模型,进而利用训练样本估计模型参数。在训练过程中,数据点将信息通过损失函数传递给模型,通过最优化算法(拟牛顿法、随机梯度下降等)更新模型中的参数。由此可见,数据点对参数的影响最终将体现在每步迭代的梯度上。

如果反过来思考这一流程,即从损失函数反推数据点的影

---

① Krizhevsky A, Sutskever I, Hinton G E. ImageNet classification with deep convolutional neural networks[J]. Communications of the ACM, 2017, 60(6): 84-90.

② Ribeiro M T, Singh S, Guestrin C. "Why should I trust you?" explaining the predictions of any classifier[C]//Proceedings of the 22nd ACM SIGKDD International Conference on Knowledge Discovery and Data Mining, August, 2016: 1135-1144.

③ Simonyan K, Vedaldi A, Zisserman A. Deep inside convolutional networks: visualising image classification models and saliency maps[J]. arXiv preprint arXiv: 1312.6034, 2013; Datta A, Sen S, Zick Y. Algorithmic transparency via quantitative input influence: theory and experiments with learning systems[C]//2016 IEEE Symposium on Security and Privacy (SP), May, 2016: 598-617.

响，就能探索数据的价值。为了形式化一个训练点（用来训练模型的数据点）对预测的影响，可以提出一个与学习过程相反的问题：如果没有这个训练点，或者如果这个训练点的值发生了轻微的变化，会对训练结果产生什么影响？一个自然的想法是，可以扰动数据，然后进一步对模型进行重新训练，进而观察结果的变化。但在模型复杂时，重复训练模型的计算成本是很高的。

为了解决这个问题，影响函数（Influence Function，IF）是近年来应用于机器学习的一种解决方式。影响函数是一种来自稳健统计的经典技术。[①] 这一函数可以展示出当一个训练数据点的权重增加一个无穷小的量时，模型参数的变化情况。影响函数可以在单次训练的过程中找出数据点的影响，而且对于数据点的影响可以找到相对显式的表达。下面就来具体介绍影响函数。

考虑一个输入来自空间 X（比如图像），输出到空间 Y（比如标签）的预测问题（例如图像分类问题）。训练集数据点为 z_1，z_2，…，z_n，其中 $z_i=(x_i,y_i)\in X\times Y$。对于一个要预测的数据点 z 和模型参数 $\theta\in\Theta$，令 $L(z,\theta)$ 是其预测的损失，$\frac{1}{n}\sum_{i=1}^{n}L(z_i,\theta)$ 是模型的训练损失函数。参数估计即要最小化损失函数：

$$\hat{\theta}\overset{\text{def}}{=}\arg\min_{\theta\in\Theta}\frac{1}{n}\sum_{i=1}^{n}L(z_i,\theta)$$

---

① Cook R D, Weisberg S. Characterizations of an empirical influence function for detecting influential cases in regression[J]. Technometrics, 1980, 22(4): 495-508.

在这里,假设损失函数 L 是二次可微的,在 θ 上是严格凸的。

目标是了解训练点对模型预测的影响。通过相反的思路来形式化这个目标:如果没有这个训练点,模型的预测将如何改变?

从简单情形入手,先考虑从训练集中移除一个数据点 z,接下来推导其导致的模型参数的变化。假设移除 z 的模型参数是 $\hat{\theta}_{-z}$,那么参数变化自然为 $\hat{\theta}_{-z}-\hat{\theta}$,其中

$$\hat{\theta}_{-z} \stackrel{\text{def}}{=} \arg\min_{\theta\in\Theta} \sum_{z_i \neq z} L(z_i,\theta)$$

然而,如果逐一计算 $\hat{\theta}_{-z}$,则需要对每删除一个点的模型再次进行训练,这一过程将非常缓慢。幸运的是,影响函数给出了一种方法对此进行了有效的近似。①

其思想是如果该数据点没有被删掉,而是发生了一点微小的权重变化,那么也能计算其参数,记作 $\hat{\theta}_{\epsilon,z}$,其中:

$$\hat{\theta}_{\epsilon,z} \stackrel{\text{def}}{=} \arg\min_{\theta\in\Theta}\left(\frac{1}{n}\sum_{i=1}^{n} L(z_i,\theta) + \epsilon L(z,\theta)\right)$$

库克和韦斯伯格②给出的经典结果,记 $I_{\text{up,params}}(z)$ 为增大数据点 z 的权重对参数 $\hat{\theta}$ 的影响,其数值由下式给出:

$$I_{\text{up,params}}(z) \stackrel{\text{def}}{=} \left.\frac{d\hat{\theta}_{\epsilon,z}}{d\epsilon}\right|_{\epsilon=0} = -H_{\hat{\theta}}^{-1}\nabla_{\theta}L(z,\hat{\theta})$$

---

① Koh P W, Liang P. Understanding black-box predictions via influence functions[J]. arXiv:1703.04730,2020.

② Cook R D, Weisberg S. Characterizations of an empirical influence function for detecting influential cases in regression[J]. Technometrics,1980,22(4):495-508.

其中，$H_{\hat{\theta}} \stackrel{\text{def}}{=} \frac{1}{n}\sum_{i=1}^{n}\nabla_{\theta}^{2}L(z_i,\hat{\theta})$ 是海瑟矩阵，而且根据问题的假设，其是正定的。从本质上看，对于损失函数，在 $\hat{\theta}$ 附近对其进行了二次逼近，并采取了牛顿法的单步步长。容易看出，由于去掉一个点相当于将它的权重增加 $-\frac{1}{n}$，可以通过计算

$$\hat{\theta}_{-z}-\hat{\theta} \approx -\frac{1}{n}I_{\text{up,params}}(z)$$

对因删除数据点 z 而引起的参数变化进行线性逼近，而无须重新训练模型。

进一步，通过参数的变化，还可以推导模型预测结果因为参数变化而发生的改变。利用链式法则可以计算数据点 z 权重变化对训练损失函数的影响：

$$\begin{aligned} I_{\text{up,loss}}(z,z_{\text{test}}) &\stackrel{\text{def}}{=} \left.\frac{dL(z_{\text{test}},\hat{\theta}_{\epsilon,z})}{d\epsilon}\right|_{\epsilon=0} \\ &= \nabla_{\theta}L(z_{\text{test}},\hat{\theta})^{\mathrm{T}}\left.\frac{d\hat{\theta}_{\epsilon,z}}{d\epsilon}\right|_{\epsilon=0} \\ &= -\nabla_{\theta}L(z_{\text{test}},\hat{\theta})^{\mathrm{T}}H_{\hat{\theta}}^{-1}\nabla_{\theta}L(z,\hat{\theta}) \end{aligned}$$

由此就能得到模型预测结果的变化约为 $-\frac{1}{n}I_{\text{up,loss}}(z,z_{\text{test}})$。

不仅是更改训练数据的权重，如果对训练数据点进行微小的扰动，采用类似的思路也能推导出该扰动的影响力。

对于一个数据点 $z=(x,y)$，定义 $z_{\delta}\stackrel{\text{def}}{=}(x+\delta,y)$，即在此数据点上施加了扰动 δ。考虑这一扰动过程（训练中使用 z 代替 z_{δ}），定

义变化后的模型拟合参数为 $\hat{\theta}_{z_\delta,-z}$。为了计算过程中的近似，定义 $\hat{\theta}_{\epsilon,z_\delta,-z}$ 为删掉 ϵ 权重的数据点 z，增加相应权重 z_δ 后的模型参数变化，即

$$\hat{\theta}_{\epsilon,z_\delta,-z} \overset{\text{def}}{=} \arg\min_{\theta\in\Theta}\left(\frac{1}{n}\sum_{i=1}^{n}L(z_i,\theta) + \epsilon L(z_\delta,\theta) - \epsilon L(z,\theta)\right)$$

类似上面的推导，有

$$\left.\frac{d\hat{\theta}_{\epsilon,z_\delta,-z}}{d\epsilon}\right|_{\epsilon=0} = I_{\text{up,params}}(z_\delta) - I_{\text{up,params}}(z)$$

$$= -H_{\hat{\theta}}^{-1}(\nabla_\theta L(z_\delta,\hat{\theta}) - \nabla_\theta L(z,\hat{\theta}))$$

与上面的方法相同，可以进行线性近似：

$$\hat{\theta}_{z_\delta,-z} - \hat{\theta} \approx \frac{1}{n}(I_{\text{up,params}}(z_\delta) - I_{\text{up,params}}(z))$$

这就给出了 $z \mapsto z_\delta$ 对模型参数影响的显式表达。同样应用链式法则，就能得出其对模型最终预测的影响：

$$I_{\text{pert,loss}}(z,z_{\text{test}}) \overset{\text{def}}{=} \nabla_\delta L(z_{\text{test}},\hat{\theta}_{z_\delta,-z})\big|_{\delta=0}$$

$$= -\nabla_\theta L(z_{\text{test}},\hat{\theta})^{\text{T}} H_{\hat{\theta}}^{-1}\nabla_X\nabla_\theta L(z,\hat{\theta})$$

下面将介绍影响函数的一些实际应用。

(1) 解读机器学习模型的预测行为

当给定训练集和对应的响应（Response）变量，IF 能够洞察出模型对训练集的依赖和训练方式。比如，在一个图像二分类问题中，可以使用两种不同的模型进行预测。不同模型的损失函数与训练方式不尽相同，这代表着它们对实际问题的解读方式有较大差距。在训练模型后，通过 IF 可以得出每个数据点对

该预测任务的影响力。这其实反映了模型对问题的理解。

在黑盒模型中，找到数据点 IF 高或低的数据，有利于总结该模型的得失。贡献高的点往往是模型从中学习到了有用的信息，抓住了核心特征。基于这些核心特征，可以有针对性地优化模型。而数据点 IF 较低很可能说明该数据模型无法分辨，有可能是图片中的干扰较大，模型没抓住关键特征，可以据此添加一些特征提取方式；也有可能该数据点出现了标注错误，可以据此清理数据集。

（2）改进模型正确率与应用范围

如前文所说，在模型预测后，可以计算 IF，再将数据点排序。一些贡献小的点，如果从训练集中删去，就有可能改进模型的预测效果——这些点可能是异常值点或标签有误。

在一般的模型训练中，训练集的数据分布往往与测试集是相同的。但有时也会出现域不匹配的情况——训练集分布与测试集分布差异较大，这会导致训练精度高的模型在测试数据上表现不佳。[①] 而影响函数的计算可以反映这一差异，也就是说，通过删去模型中影响力较差的数据点可以改进训练集的分布，使其更接近于测试集，改进模型在测试集上的表现。反映到实际中，如果拥有内部的数据集，需要对一些外部任务进行预测，IF 就可以针对不同任务修正训练集的数据分布，从而在每个数据集上达到不错的效果。

---

① Ben-David S, Blitzer J, Crammer K, et al. A theory of learning from different domains[J]. Machine learning, 2010, 79(1/2): 151-175.

（3）对抗学习样本

机器学习的长足发展使其在人们生活中的应用越来越广泛，特别是模式识别，比如门禁中的人脸识别、指纹识别。

模式识别从人出生的那一刻就在进行，贯串人的一生。人们在学习周边事物的过程中，常常要总结事物与现象之间的异同，并根据一定逻辑把相似但细节不同的事物或现象归为一类。比如手写的汉字，同一个汉字因不同人的书写风格会有观感上的区别，但其本质都属于同一类别。人脑具有较强的模式识别和推广能力，能够慢慢学习到这些汉字都是同一类别的。

利用机器进行模式识别，能在身份验证等应用场景上节约人力、提高效率。但由于机器学习是纯数据驱动，其深层逻辑受限于训练数据，可能存在一定漏洞，即机器学习很容易被对抗样本（Adversarial Examples）所迷惑。所谓对抗样本，就是指一些为这些识别任务精心打造的故意混淆和误导检测任务的样本。比如说一个图片识别任务，对抗样本可以按照像素级别来扰动这个图片，这样一来，人眼看不出问题，但是机器却会识别失败。具体来说，在一个鱼和狗的图像二分类问题中，对狗的图片施加像素级别的变动，可以让模型将其预测为鱼。

在流量很大的门禁、指纹等识别任务中，这样的漏洞构成了很大的安全风险。一些攻击者可以利用这些漏洞威胁真实世界的安全。[①] 最近也有很多研究工作生成了对抗图像，人可以轻

① Huang L, Joseph A D, Nelson B, et al. Adversarial machine learning[C]//Proceedings of the 4th ACM Workshop on Security and Artificial Intelligence, October, 2011: 43-58.

松分辨这些图像，但它们可以完全骗过分类器。[①] 而人们同样可以利用影响函数来制造这样的样本。这就是说，在训练集的图片上施加微小的扰动，会使训练出的模型在测试集上完全失效。

那么，如何做到这一点呢？在上面的推导中，可以得到对数据点施加扰动的影响$I_{\mathrm{pert,loss}}(z, z_{\mathrm{test}})$，这告诉人们如何修改训练点可以最大限度地增加测试的损失。基于这一思路，对于一个目标测试图像z_{test}，可以针对性地构造（修改）其对抗样本z_i。首先初始化这个对抗样本z_i（一个原始训练集样本），接下来按照下面的方法逐步迭代：

$$z_i := Proj\left(z_i + \alpha \mathrm{sign}\left(I_{\mathrm{pert,loss}}(z_i, z_{\mathrm{test}})\right)\right)$$

其中 α 为迭代步长，*sign* 为符号函数，*Proj* 表示将变化后的图像投影到 8 比特规范图像的空间。在每次迭代之后，重新训练模型，最终就能达到构造对抗样本的效果。

3. 数据贡献的价值分配

随着新兴服务业的快速发展，互联网与国民经济的各个行业相互渗透并融合。数字经济深刻改变了传统行业，新型消费行为、经济形态不断涌现，为服务经济的发展注入新动能。2020 年 3 月 30 日，中共中央、国务院出台《关于构建更加完善的要素市场化配置体制机制的意见》，首次将数据作为生产要素，代表

① Goodfellow I J, Shlens J, Szegedy C. Explaining and harnessing adversarial examples[J]. arXiv preprint arXiv:1412.6572, 2014.

着数据成为推动技术和经济增长的燃料。这尤其体现在主流的互联网平台上,数据与每个生产环节息息相关,形成了全新的“数据价值链条”,如图3-6所示:

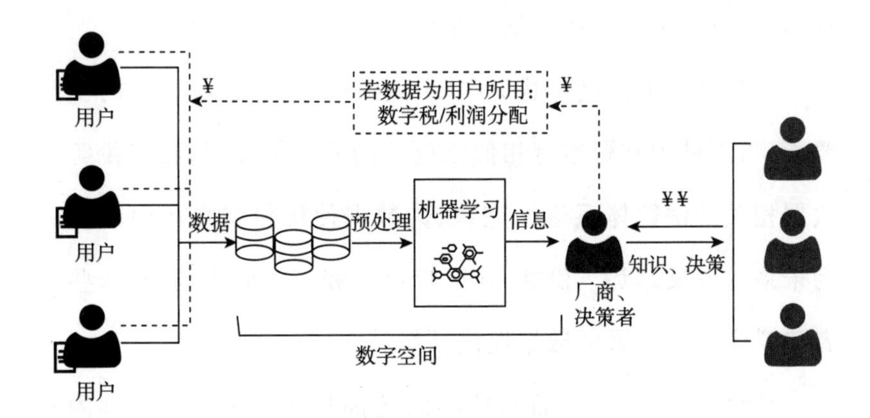

图3-6 数据价值链条

图3-6中,左端代表互联网平台的参与者,右端特指平台的服务对象,这二者在实际中很可能是同一群体;中间则为平台内部的运转、决策过程。平台首先会收集平台参与者的大量数据,这些数据经过平台的预处理、使用机器学习工具进行挖掘之后,会生成对厂商与决策者有用的信息,以辅助其决策。

随着数据化的推广,平台获得的数据愈发详尽,这帮助平台做出了更优质的决策,从而获得了超额利润,这就是数据的价值所在。比如,网约车平台根据用户需求的时空分布调度车辆,改善供需错配,减少等待时间;在线医疗平台根据用户描述,利用机器学习快速分诊、推荐合适的医生,提高平台效率。

从平台利益角度考虑,数据来源于不同的参与者,而参与者的数据质量是存在差异的，这往往体现在用户的活跃度和参与度（用户的数据详细程度、用户发表评论等）上。因此，平台需要将利润即数据产生的价值以合理方式分配给用户，从而适当激励用户，吸引更多的用户加入平台。

而从社会的角度考虑，个人产生的数据作为新形式的生产要素，与劳动力和资本有相似之处。随着数据权属、数据税等与数据相关的法律体系逐渐完善，为数据使用付费自然而然会成为未来的发展趋势。例如，在医疗保健和广告商市场中，一些学者建议应该为个人的数据提供补偿。

综合来看，这两方面的核心问题都是如何量化算法预测和决策中的数据价值，即为算法中的数据分配适当的贡献。由于信息产生于数据挖掘的过程，因此需要将机器学习与利润分配结合起来，进而找到适当的利润分配方式。而数据沙普利值（Data Shapley Value，DSV）就解决了这个问题，可以实现数据贡献的公平分配。

首先来介绍一下沙普利值，沙普利值法（Shapley Value Method）由 2012 年诺贝尔经济学奖得主劳埃德·沙普利（Lloyd S. Shapley）提出，主要用于解决在合作博弈中各方的利益分配问题，防止“有难能够同当，有福不知如何分配”的尴尬情况。

下面用形象的方式介绍一下沙普利值。例如，有 A、B、C 三个人进行一项纸牌游戏，三个人是合作者。游戏允许不同的组合参与游戏，不同的组合会得到不同的收益，如图 3-7 所示。

图 3-7　沙普利值图示(1)

资料来源:Michael Sweeney. Game theory attribution: the model you've probably never heard of[EB/OL].(2020-11-25)[2022-07-22].https://clearcode.cc/blog/game-theory-attribution/.

如果三人合作,共同进行一次游戏会得到 19 美元的收益,此时需要将收益合理地分配给三个人。可以从"边际贡献"的角度入手,即一个人加入一个组合后能多带来多少收益,这就是这个人的贡献。但加入的组合有很多,需要考虑从无人参加到所有人参加的进入游戏的不同次序,如图 3-8 所示。

图 3-8　沙普利值图示(2)

资料来源:Michael Sweeney. Game theory attribution: the model you've probably never heard of[EB/OL].(2020-11-25)[2022-07-22].https://clearcode.cc/blog/game-theory-attribution/.

图 3-8 中展示了所有六种进入游戏的顺序(6=3!)，且标注出每种进入顺序的边际贡献。可以据此计算 A、B、C 三人各自的平均边际贡献。如图 3-9 所示，A 的平均贡献为$\frac{1}{6}(7+7+10+3+9+10)=7.7$。类似地，可以计算出 B 的贡献为 3.3，C 的贡献为 8。

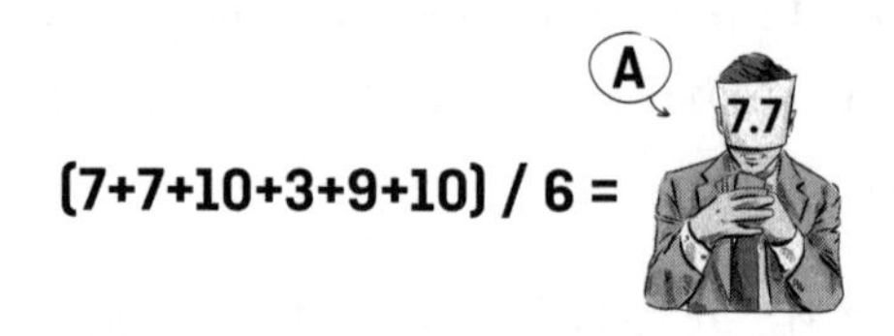

图 3-9 沙普利值图示(3)

资料来源：Michael Sweeney. Game theory attribution: the model you've probably never heard of[EB/OL]. (2020-11-25)[2022-07-22]. https://clearcode.cc/blog/game-theory-attribution/.

接下来，使用符号语言对其进行严格的定义。

假设玩家集合为 D，存在一个游戏，可以令 D 的任意子集 $S \subseteq D$ 参加，并获得 $V(D)$ 的回报。游戏的回报规则体现在如下函数的映射 $V: 2^N \rightarrow R, |D|=N, V(\phi)=0$。那么按下面的公式定义玩家 i 在游戏 (V, D)（由全集和回报规则确定一个游戏，回报规则决定贡献，全集影响分配方式）中的贡献为 $\varphi_i(V)$，即沙普利值。[①]

① Shapley L S. A value for n-person games[M]//Kuhn H W, Tucker A W. Contributions to the theory of games(AM-28), Volume Ⅱ. Princeton: Princeton University Press, 2016; Gul F. Bargaining foundations of shapley value[J]. Econometrica, 1989, 57(1): 81-95.

$$\varphi_i(V)=\frac{1}{|D|!}\sum_R[V(P_i^R\cup\{i\})-V(P_i^R)]$$

在这里，R 表示 N 个参与者进入游戏的顺序一共有 $|D|!$ 种，P_i^R 表示在 R 这个排序中排在元素 i 前面的元素集合，该公式也可以变形为

$$\varphi_i(V)=\frac{1}{n}\sum_{S\subseteq D\backslash i}(C_{n-1}^{|S|})^{-1}(V(S\cup\{i\})-V(S))$$

在机器学习中，可以将上面博弈游戏的概念替换为机器学习。假设数据集合为 D，存在一个机器学习任务，可以是预测、分类等，使用 D 的数据子集 $S\subseteq D$ 进行机器学习训练，从而达到 $V(D)$ 的训练结果（根据不同的任务，可以是 MSE、AUC、Recall、Precision、Kolmogorov-Smirnov 统计量等），即训练获得的回报，体现在函数上，其构成如下函数的映射 $V:2^N\to R$，$|D|=N$，$V(\phi)=0$。

同样地，可以定义数据点 i 在机器学习任务 (V,D)（由数据全集和模型确定一个机器学习任务，模型决定贡献，数据集影响分配方式）中的贡献为 $\varphi_i(V)$，即数据沙普利值：

$$\varphi_i(V)=\frac{1}{|D|!}\sum_R[V(P_i^R\cup\{i\})-V(P_i^R)]$$

沙普利值法体现了合作各方对合作总目标的贡献程度，避免了分配上的平均主义，比任何一种仅按资源投入价值、资源配置效率及将二者相结合的分配方式都更具合理性和公平性，也体现了合作各方相互博弈的过程。而将其应用于机器学习中，利用分配的思想确定数据的价值，是比较恰当和可行的。

应用

数据沙普利值(DSV)与影响函数(IF)类似,都可以对数据价值进行排序,二者有一定的相似性,但也有不同。体现在应用中,排序这一点使得这两种方法都可以用于数据样本修正、改进模型的预测正确率、修正数据以适应更多数据分布。其不同点在于,IF 根植于梯度信息,其对模型本身的理解更深刻,因此对抗样本训练是无法通过 DSV 完成的,但利用 IF 可以。而 DSV 可以将全部训练贡献分配到每个数据点上,即满足

$$V(D)=\sum_{i\in D}\varphi_i(V)$$

该性质使得 DSV 可以用于数据交易市场的机制构建,即可以将数据产生的价值公平地分配给各个数据提供方。一些学者将 DSV 算法应用于联邦学习的利益分配[①]、持续学习中的经验回放[②]、数据市场的构建等实际应用场景[③]中。

从 DSV 的计算公式中可以看到,数据沙普利值的计算需要在不同数据子集上重复训练模型,计算成本很高,因此大量学者对其进行了近似计算的研究。比如 TMC-沙普利算法,利用蒙特卡洛模拟抽取部分排序计算每个数据点的沙普利值;在 TMC 算

① Wei S, Tong Y, Zhou Z, et al. Efficient and fair data valuation for horizontal federated learning[M]//Yang Q, Fan L X, Yu H. Federated Learning. Cham: Springer, 2020: 139–152.

② Shim D, Mai Z, Jeong J, et al. Online class-incremental continual learning with adversarial shapley value[J]. arXiv: 2009.00093, 2020.

③ Agarwal A, Dahleh M, Sarkar T. A marketplace for data: an algorithmic solution[C]//Proceedings of the 2019 ACM Conference on Economics and Computation, June, 2019: 701–726.

法上运用梯度信息进行进一步简化的盖尔-沙普利算法[①];使用非参数模型中的 KNN 思想简化规避模型重复训练的 KNN-SV 算法[②];等等。也有一些学者推广了数据沙普利值的思想:将模型训练过程、子集选取视作强化学习的过程,利用强化学习的框架计算数据的价值[③];将针对单一数据集定义的数据沙普利值推广到基于数据分布的 Distributional-SV 算法[④],使其更具有现实意义。由于 DSV 计算复杂度较高,一些学者对其复杂度进行了研究,在相对简单的效用函数与学习模型中,可以通过推导降低计算复杂度。[⑤]

① Ghorbani A, Zou J. Data shapley: equitable valuation of data for machine learning[C]//36th International Conference on Machine Learning, 2019: 4053-4065.

② Jia R, Sun X, Xu J, et al. An empirical and comparative analysis of data valuation with scalable algorithms[J]. arXiv preprint arXiv: 1911.07128, 2019.

③ Yoon J, Arik S Ö, Pfister T. Data valuation using reinforcement learning[C]//37th International Conference on Machine Learning, 2020: 10773-10782.

④ Ghorbani A, Kim M P, Zou J. A distributional framework for data valuation[C]//37th International Conference on Machine Learning, 2020: 3493-3502.

⑤ Jia R, Dao D, Wang B, et al. Towards efficient data valuation based on the shapley value[C]//22nd International Conference on Artificial Intelligence and Statistics, 2019: 1167-1176.

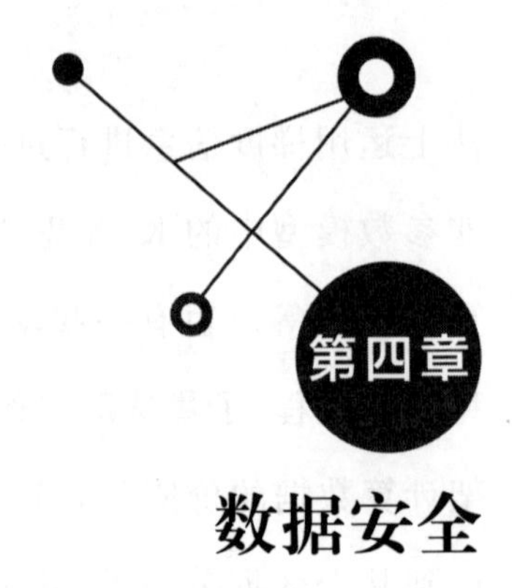

数据安全

一、数据安全现状

以大数据为代表的数据化、数字化是全球信息技术发展趋势之一。大数据技术的发展,引发了全球范围内技术、学术、产业以及安全的变革,是国家和企业间的竞争焦点,直接关系到国家安全、社会稳定、经济发展和民计民生等诸多方面。[①]

云计算和物联网技术的快速发展,引发了数据规模的爆炸式增长和数据模式的高度复杂化。大数据技术成为继云计算技术之后,各国竞相争夺的信息化战略高地。党的十八大以来,我国陆续发布了《促进大数据发展行动纲要》《大数据产业发展规划(2016—2020年)》《国家网络空间安全战略》等一系列重要文件,提出实施国家大数据战略、建立大数据安全管理制度、支持

---

① 张锋军,杨永刚,李庆华,等.大数据安全研究综述[J].通信技术,2020,53(5):1063-1076.

大数据技术创新和应用的纲领性要求。这些重要文件为相关产业的健康发展、融合发展打开了政策空间。但是在大数据技术催生了大量创新业务应用模式并在党政军等各领域大规模应用的同时,也带来了许多前所未有的安全威胁,如数据泄露、隐私分析、基于大数据技术的新型攻击等,已成为大数据产业健康发展的障碍。①

传统的信息安全侧重信息资产的管理,信息更多地被视为企业/机构的自有资产进行相对静态的管理,无法适应业务上实时动态的大规模数据流转和大规模数据处理的特点。大数据5V的特性和新的技术架构颠覆了传统的数据管理方式,在数据来源、数据处理和数据思维等方面带来了革命性的变化,也给大数据安全防护带来了新的问题,数据采集汇聚、数据存储处理、数据共享使用等数据生命周期都面临新的安全挑战。②

加强数据共享安全,需要完善数据安全法律法规、加强数据安全管理制度建设、健全数据安全标准规范、推动数据安全技术的开发和应用。我们应该遵循国家相关的安全政策,制定数据安全保护方面的法律法规和制度,健全数据安全相关标准及指南,完善数据安全保障组织机构和保障角色的规划,推进数据共享,推动安全防护技术的发展。

---

① 黄殿中.发展与安全并进:用新思维应对大数据安全挑战[J].中国信息安全,2016,6:77-79;周季礼,李德斌.国外大数据安全发展的主要经验及启示[J].信息安全与通信保密,2015,6:40-45;张锋军.大数据技术研究综述[J],通信技术,2014,47(11):1240-1248.

② 李树栋,贾焰,吴晓波,等.从全生命周期管理角度看大数据安全技术研究[J].大数据,2017,3(5):3-19.

（一）数据安全治理概况

1. 数据安全测评

数据安全测评是大数据安全、提供正常服务的支撑保障，目标是评估和验证大数据的安全策略、安全产品、安全技术的性能及有效性等。

数据安全测评的基本原则是确保使用的安全防护手段都能满足安全防护的需求，主要内容包括：

（1）构建数据安全测评的组织结构、人员组成、责任分工和安全测评需要达到的目标等。

（2）明确数据场景下安全测评的标准、范围、计划、流程、策略和方式等。大数据环境下的安全分析按评估方法划分，包括基于场景的数据流安全评估、基于利益攸关者的需求安全评估等。[①]

（3）制定评估标准，明确各个安全防护手段需要达到的安全防护效能，包括功能、性能、可靠性、可用性、保密性、完整性等。

（4）按照《信息安全技术 数据安全能力成熟度模型》（GB/T 37988—2019），评估安全态势并形成相关的大数据安全评估报告等内容，作为大数据安全建设能够投入应用的依据。[②]

---

① 全国信息安全标准化技术委员会大数据安全标准特别工作组.大数据安全标准化白皮书（2018 年版）[R/OL].（2018-04-14）[2022-07-22].http://jl.cesi.cn/images/editor/20180414/20180414224505161.pdf.

② 李克鹏，梅婧婷，郑斌，等.大数据安全能力成熟度模型标准研究[J].信息技术与标准化，2016，7：59-61.

2. 数据安全运维

数据的安全运维主要是为了确保大数据系统或平台能够安全、持续稳定、可靠地运行,在大数据系统运行过程中行使资源调配、系统升级、服务启停、容灾备份、性能优化、应急处置、应用部署和安全管控等职能。具体的职责包括:

(1) 构建大数据安全运维体系的组织形式、运维架构、安全运维策略、权限划分等。

(2) 制定不同安全运维流程和运维的重点方向等,包括基础设施安全管控、病毒防护、平台调优、资源分配和系统部署、应用和数据的容灾备份等业务流程。

(3) 明确安全运维的标准规范和规章制度,由于运维人员具有较大的操作权限,为防范内部人员风险,要对大数据环境的关键部分、人员危险行为等做到事前、事中和事后有记录、可跟踪和能审计。

3. 数据安全治理

大数据安全治理的目标是确保大数据合法合规地安全流转,保障大数据安全的情况下让其价值最大化,以此支撑企业业务目标的实现。大数据的安全治理行使数据的安全管理、运行监管和效能评估的职能。主要内容包括:

(1) 架构大数据安全治理的治理流程、组织结构、治理策略,以及确保数据在流转过程中的访问控制、安全保密和安全监管等安全保障机制。

(2) 确定数据治理过程中的安全管理架构，包括人员组成、角色分配、流程管理和大数据的安全管理策略等。

(3) 明确大数据安全治理中的元数据、数据质量、数据血缘、主数据管理和数据全生命周期的安全治理方式，包括安全治理标准、治理方式、异常和应急处置措施等。

(4) 对大数据环境下数据主要参与者，如数据提供者（数据源）、大数据平台、数据管理者和数据使用者，制定明确的安全治理目标，规划安全治理策略。

（二）国内外数据安全规制[①]

1. 国内数据安全规制

鉴于大数据的战略意义，我国高度重视大数据安全问题，近十年发布了一系列大数据安全相关的法律法规和政策。2013 年 6 月，工业和信息化部公布了《电信和互联网用户个人信息保护规定》，明确了电信业务经营者、互联网信息服务提供者收集、使用用户个人信息的规则和信息安全保障措施要求。2015 年 8 月，国务院印发《促进大数据发展行动纲要》，提出要健全大数据安全保障体系，完善法律法规制度和标准体系。2016 年 3 月，第十二届全国人民代表大会第四次会议表决通过了《中华人民共和国国民经济和社会发展第十三个五年规划纲要》，提出把大数

---

① 本部分内容参考：张锋军，杨永刚，李庆华，等.大数据安全研究综述[J].通信技术，2020，53(5)：1063-1076.

据作为基础性战略资源，明确指出要建立大数据安全管理制度，实行数据资源分类分级管理，保障安全、高效、可信。2021年3月，《中华人民共和国国民经济和社会发展第十四个五年规划和2035年远景目标纲要》发布，提出加强涉及国家利益、商业秘密、个人隐私的数据保护，加快推进数据安全、个人信息保护等领域基础性立法，强化数据资源全生命周期安全保护。完善适用于大数据环境下的数据分类分级保护制度。加强数据安全评估，推动数据跨境安全有序流动。

在产业界和学术界，对大数据安全的研究已经成为热点。国际标准化组织、产业联盟、企业和研究机构等都已开展相关研究以解决大数据安全问题。2012年，云安全联盟(CSA)成立了大数据工作组，旨在寻找大数据安全和隐私问题的解决方案。2016年，全国信息安全标准化技术委员会正式成立大数据安全标准特别工作组，负责大数据和云计算相关的安全标准化研制工作。[①] 在标准化方面，国家层面制定了《信息安全技术 大数据服务安全能力要求》《信息安全技术 大数据安全管理指南》《信息安全技术 数据安全能力成熟度模型》等数据安全标准。[②] 由于数据与业务关系紧密，各行业也纷纷出台了各自的数据安全分级分类标准，典型的如《银行数据资产安全分级标准与安全管理体系建设方法》《信息安全技术 电信和互联网大数据安全

---

① 张锋军.大数据技术研究综述[J],通信技术,2014,47(11):1240-1248.

② 李树栋,贾焰,吴晓波,等.从全生命周期管理角度看大数据安全技术研究[J].大数据,2017,3(5):3-19.

管控分类分级实施指南》《证券期货业数据分类分级指引》等，对各自业务领域的敏感数据按业务线条进行分类，按敏感等级（数据泄露后造成的影响）进行数据分级。安全防护系统可以根据相应级别的数据采用不同严格程度的安全措施和防护策略。①

2. 国外数据安全规制

随着大数据的安全问题越来越受到人们的重视，包括美国、欧盟在内的很多国家、地区和组织都制定了大数据安全相关的法律法规和政策②，以推动大数据应用和数据保护。2012 年 2 月 23 日，美国发布了《网络环境下消费者数据的隐私保护——在全球数字经济背景下保护隐私和促进创新的政策框架》，规范大数据时代隐私保护措施。2018 年 6 月 28 日，《加州消费者隐私法案》（CCPA）正式颁布，在随后的两年内又陆续做了多次修订，2020 年 7 月 1 日开始正式执行。CCPA 的出台弥补了美国在数据隐私专门立法方面的空白，它旨在加强加州消费者隐私

---

① 全国信息安全标准化技术委员会大数据安全标准特别工作组.大数据安全标准化白皮书（2018 年版）[R/OL].（2018-04-14）[2022-07-22].http://jl.cesi.cn/images/editor/20180414/20180414224505161.pdf.；赵鹏，马泽君，乐嘉伟.银行数据资产安全分级标准与安全管理体系建设方法[J].中国软科学增刊（上），2012，24：180-188；中国证券监督管理委员会.证券期货业数据分类分级指引：JR/T 0158-2018[S].北京：中国证券监督管理委员会，2018.

② 邵培基，方佳明，陈瑶.美国的信息自由法案及启示[C]//南京大学.第十七届海峡两岸信息管理发展与策略学术研讨会论文集，2013：1-7；洪延青.美国快速通过 CLOUD 法案 明确数据主权战略[J].中国信息安全，2018，4：33-35；罗洁，孔令杰.美国信息隐私法的发展历程[J].湖北社会科学，2008，12：154-157；刘熠炯.2015 年日本个人信息保护法修正案解读[EB/OL].（2016-12-14）[2022-07-12].http://www.zhengxinbao.com/4031.html.

权和数据安全保护,被认为是美国当前最严格的消费者数据隐私保护立法。

欧盟早在1995年就发布了《保护个人享有的与个人数据处理有关的权利以及个人数据自由流动的指令》(简称《数据保护指令》),为欧盟成员国保护个人数据设立了最低标准。2015年,欧盟通过《通用数据保护条例》(GDPR),该条例对欧盟居民的个人信息提出更严格的保护标准和更高的保护水平。在《2014—2017年数字议程》中,德国提出最晚于2015年出台《信息保护基本条例》,加强大数据时代的信息安全。2015年2月25日,德国公司力争设置强硬的欧盟数据保护法规。

澳大利亚于2012年7月发布了《信息安全管理指导方针:整合性信息的管理》,为大数据整合所涉及的安全风险提供了最佳管理实践指导。2012年通过的《1988年隐私法(修正案)》,将信息隐私原则和国民隐私原则统一修改为澳大利亚隐私原则,并于2014年3月正式生效。该法规范了私人信息数据从采集、存储、安全、使用、发布到销毁的全周期管理方法。在数据安全的标准化方面,美国走在前列。在大数据安全方面,国际电信联盟网络安全标准研究组(ITU-T SG17)制定了《移动互联网服务中的大数据分析安全要求和框架》《大数据即服务安全指南》《电子商务业务数据生命周期管理安全参考框架》等;美国国家标准与技术研究院(NIST)发布了《大数据互操作框架:第四册安全与隐私保护》等标准;国际标准化组织(ISO)及国际电工委员会(IEC)也发布了关于隐私保护框架、隐私保护能力评估模型、云中个人信息保护等的标准，对大数据的安全框架和原则进行了标准化定义。

在数据安全的产品解决方案和技术方面，国外知名机构和安全公司纷纷推出先进的产品和解决方案。咨询公司Forrester提出了“零信任模型”(Zero Trust Model)；谷歌基于该理念设计和实践了BeyondCorp体系，企业可不借助VPN而在不受信任的网络环境中安全地开展业务；IBM InfoSphereGuardium能够管理集中和分布式数据库的安全与合规周期；老牌杀毒软件厂商赛门铁克(Symantac)将病毒防护、内容过滤、数据防泄露、云访问安全代理(CASB)等进行整合，提供了包含数据和网络安全软件及硬件的解决方案；操作系统霸主微软聚焦代码级数据安全，推出了Open Enclave SDK开源框架，协助开发者创建以保护应用数据为目的的可信应用程序；CipherCloud联合Juniper网络公司推出了云环境下数据安全的产品解决方案，提供云端企业应用的安全访问和可视化监控。

二、数据生命周期安全的技术与实践

（一）数据采集安全

1. 数据智能分类分级标注技术

对数据进行分类分级，按照数据的不同类别和敏感级别实施不同的安全防护策略，施加不同的安全防护手段，是目前业界主流的实践。[①] 而对于数据来说,不同业务涉及的数据不同,分类就不同。分类通常是按照实际业务场景来进行数据类别划分的;分级是实施安全防护的基础,按照数据属性的高低和数据泄露后的危害程度进行不同的数据等级划分。数据等级划分的三要素包括影响对象、影响范围和影响程度。分类与分级相辅相成,数据分类分级是安全策略设计的前提。数据智能分类分级标注技术主要实现对结构化、非结构化、半结构化的数据按照内容属性、安全属性、签名属性等不同属性进行标注,标注的方法包括基于元数据的标注技术、数据内容的标记技术、数据属性的标注技术等,为后续数据的分类分级存储、数据的检索、数据的隐私保护、数据的追踪溯源和数据的权责分析提供依据。数据分类分级标签有很多种:按照嵌入对象的格式可以分为结构化数据标签、非结构化数据标签;按照标签的形式可分为嵌入文件格式的标签和数字水印。

2. 数据源安全关键技术

数据源可信验证技术是安全关键技术,它主要是保证采集数据的数据源是安全可信的,确保采集对象是可靠的,没有假冒对象。该技术包括可信认证和生物认证技术等。

3. 内容安全检测技术

对采集的数据进行结构化、非结构化数据内容的安全性检

---

① 赵鹏,马泽君,乐嘉伟.银行数据资产安全分级标准与安全管理体系建设方法[J].中国软科学增刊(上),2012,24:180-188;中国证券监督管理委员会.证券期货业数据分类分级指引:JR/T 0158-2018[S].北京:中国证券监督管理委员会,2018.

测，确保数据不携带病毒或者其他非安全性质的数据内容。常用的数据安全检测技术有基于规则的检测技术、基于机器学习的安全检测技术和有限状态机的安全检测技术等。

（二）数据传输安全

数据传输安全技术较为成熟，主要针对大数据流量大、传输速度快的特点，确保数据动态流动过程中大流量数据的安全传输，从数据的机密性和完整性方面保证数据传输的安全，主要包括高速网络传输加密技术、跨域安全交换、威胁监测技术等。

（三）数据存储安全

1. 大数据安全存储技术

大数据安全存储技术主要是保证云环境下多租户、大批量异构数据的安全存储。安全存储的实现主要包括冗余备份和分布式存储的密码技术、存储隔离、访问控制等技术。大数据环境下的密码技术主要是分布式计算环境下的密码服务资源池技术、密钥访问控制技术、密码服务集群密钥动态配置管理技术、密码服务引擎池化技术，提供高效、并发密码服务能力和密钥管理功能，满足大数据海量数据的分布式计算、分布式存储的加解密服务需求。存储隔离技术主要是依据不同的数据安全等级对数据进行隔离存储，包括逻辑隔离和物理隔离两种方案；分类分级存储是按照数据的重要程度和安全程度，结合隔离存储实现数据的安全存储和访问控制。与上述叠加式安全思想不同,有文献[①]提出了可信固态硬盘设计,基于存储内安全(In-Storage Security)思想,把对数据的访问控制从主机上的系统软件下放到底层存储,内部在保持块接口的前提下实现数据的细粒度访问。

2. 备份恢复技术

备份恢复技术主要是对大数据环境下的特殊数据,如元数据、密集度很高的数据或者高频次访问数据,通过数据同步、数据复制、数据镜像、冗余备份和灾难恢复等手段,保证数据的完整。

(四)数据使用安全

数据使用安全主要是指,防止数据在对外提供服务的过程中存在非法的内容信息,如谣言新闻、政治敏感信息、诬陷言论、色情暴力、淫秽信息等肆意传播。实现数据使用安全的关键技术有数据内容监测防护、数据隐私保护和身份认证等。数据内容监测防护是通过监测确保公开的数据不存在非法信息;数据隐私保护是对敏感的数据进行隐藏、过滤或者屏蔽等,防止隐私敏感数据泄露;身份认证是对数据的使用范围进行控制。以下介绍两种数据使用安全的具体技术。

---

① 田洪亮,张勇,许信辉,等.可信固态硬盘:大数据安全的新基础[J].计算机学报,2016,39(1):154-168.

1. 细粒度访问控制技术

大数据平台为用户提供数据访问服务，在数据访问过程中存在数据未经授权被使用的安全风险，有可能出现数据泄露、推导或恶意传播。因此，大数据需要应用访问控制技术。传统的访问控制，如基于权限规则的控制技术、自主访问控制技术和基于安全分级的访问控制技术等，在大数据环境下基于业务场景和数据流的安全需求，衍生出基于任务的访问控制和基于属性的访问控制，不同场景采用不同的访问控制授权策略，从而灵活设定用户对共享数据的使用权限，实现数据细粒度的安全使用和共享。

2. 数据脱敏技术

数据脱敏技术是指，针对海量、多源、异构的数据在共享过程中面临的敏感及隐私问题，在数据共享与管理、数据交换与应用、跨领域数据流通的特定场景下保证敏感及隐私数据安全受控交换的技术，其促进数据资源安全汇聚、共享和交换，确保大数据敏感信息不被泄露。通过脱敏规则对某些敏感信息进行数据变形，从而实现大数据环境下隐私数据不被泄露，同时保证脱敏后的数据不影响数据的可用性。

数据脱敏技术主要包括脱敏目标确定、脱敏策略制定以及脱敏实现。脱敏目标确定较为关键的是数据敏感程度的分级和确认，是制定脱敏策略的依据。在制定脱敏策略时，选择脱敏算法是重点和难点，可用性和隐私保护的平衡是关键，既要考虑系统开销，满足业务系统的需求，又要兼顾最小可用原则，最大限度地保护用户隐私，这样才能实现脱敏。

目前的脱敏技术主要分为以下三种：

第一种是基于数据加密的技术，采用一定的加密算法覆盖、替换信息中的敏感部分以保护实际信息。采用这种方法加密后，数据完全失去业务属性，属于低层次脱敏。这种技术算法开销大，适用于机密性要求高、不需要保持业务属性的场景。例如，采用密码学的算法（如散列、加密等）对原始数据进行变换。

第二种是基于数据失真的技术，使敏感数据只保留部分属性，而不影响业务功能。例如，采用随机干扰、乱序、匿名化模型等技术处理原始信息内容，但要求一些统计方面的性质仍旧保持不变。该方法使用的是不可逆算法，适用于群体信息统计或（和）需要保持业务属性的场景。

第三种是可逆的置换算法，兼具可逆和保证业务属性的特征，可以通过位置变换、表映射、算法映射等方式实现。在具体脱敏时，按照作用位置、实现原理不同，数据脱敏可以划分为静态数据脱敏和动态数据脱敏。两者的区别在于，是否在使用敏感数据时才进行脱敏。[①] 但是，随着数据量的增大，相应的映射表同步增大，应用局限性高。算法映射方法不需要做映射表，通过自行设计的算法来实现数据的变换，这类算法都是基于密码

① 陈天莹，陈剑锋.大数据环境下的智能数据脱敏系统[J].通信技术，2016，49(7)：915-922.

学的基本概念自行设计的，通常的做法是在公开算法的基础上做一定的变换，适用于需要保持业务属性或(和)需要可逆的场景。

三、数据共享安全

随着大数据技术和应用的快速发展，促进跨部门、跨行业数据共享的需求已经非常迫切。推动数据共享是大势所趋，有利于充分调动社会力量参与社会治理，深化大数据创新应用，发挥数据价值，释放数字红利。我们应该重点解决数据共享的合法化和合规问题，形成政策法规、管理制度、标准规范和技术保障统筹协调的数据安全治理体系，推动数据共享的发展。[①]

(一)加强数据安全立法

在我国信息技术、互联网应用以及大数据快速发展的背景下，为了满足国家大数据发展战略的要求，应当结合国内的实际情况制定并完善相关的法律法规。既要严格保护数据安全，加大执法力度和惩罚措施，维护国家全和公众利益，也要有效推动产业发展，促进数据共享流动和开发利用。同时，要学习国外立法的先进经验，能够与国外法律形成对照与对接，推动数据共享健康有序发展。

---

① 闫桂勋，刘蓓，程浩，等.数据共享安全框架研究[J].信息安全研究，2019，5(4)：309-317.

从目前来看，立法的重点在于个人信息保护、数据资源确权和数据交易监管三个方面。

1. 个人信息保护

从总体上看，信息技术发达的国家关于个人信息保护的法律法规比较完善，欧盟制定的《通用数据保护条例》(GDPR)生效后产生了广泛影响，极有可能成为国际通行的数据隐私保护法规。而我国目前关于个人信息保护的法律法规比较有限且较为分散，与保护个人信息直接相关的法规主要有：《中华人民共和国网络安全法》《关于办理侵犯公民个人信息刑事案件适用法律若干问题的解释》《中华人民共和国消费者权益保护法》《电信和互联网用户个人信息保护规定》《中华人民共和国数据安全法》及《中华人民共和国个人信息保护法》等。此外，在我国宪法、民法典等国家根本大法和基本法中也有一些较为笼统的规定。

2. 数据资源确权

数据作为一种特殊的资源，只有从法律上确立其资产的地位，才能让社会各方在数据采集、开放、流通、交易等过程中重视数据安全保护，切实维护数据主体的权益。数据的所有权、使用权、管理权可能涉及很多部门，在数据共享过程中需要做到权责分明，厘清数据权属关系，才能有效防止数据的非法使用。

数据确权是数据开放、交换和交易的前提和基础，也是难点问题。目前数据所有权归属还存在不清晰的情况，特别是当数据进行交换和共享时，不可避免地会涉及个人数据，这部分数据的所有权属于相关机构还是个人，还存在很大分歧。另外，原始数据和加工数据的权属问题也存在争议。这些问题都需要通过立法加以明确。在此基础上，可进一步明确数据授权、使用范围、安全保护责任以及安全保护措施等要求。

3. 数据交易监管

数据交易可以促进数据资源流通，破除数据孤岛，有效支撑数据应用的快速发展，发挥数据资源的经济价值。良好的数据交易环境是数据交易发展的基础保障，既有赖于法律法规的保障和标准的支撑，也需要政府监管到位。

对数据交易进行立法监管有利于规范数据资源交易行为，建立良好的数据交易秩序，增强对数据交易服务的安全管控能力，在确保数据安全的前提下促进数据资源自由流通，从而带动整个数据产业安全、健康、快速发展。

（二）建立数据安全管理制度

对数据共享的安全管控，除了健全国家法律法规以外，还需要在行业、部门、地方或平台层面建设配套的、完善的数据安全管理制度，以落实相关法律的要求。管理制度的设计要上承法律要求，下接标准支撑，在实践方面能够有效规范数据共享行为，确保数据共享组织管理机构职责明确、数据共享活动流程清晰、数据共享过程安全可控和监管有效。

1. 数据分类分级制度

数据分级是数据采集、存储、使用过程中进行保护的重要依据。需要进行数据梳理和数据分级,对不同级别的数据采取不同的安全管控措施,在确保数据流动合理合规的前提下,促进数据安全的开发利用和共享,根据数据的重要性和敏感程度确定共享范围、权限和方式。

2. 数据提供注册制度

数据提供方按照规定向平台管理方注册,所提供的数据经平台审核通过后方可发布。数据提供方所提供的数据应明确数据的摘要、使用范围、条件及要求、提供者信息、联系方式、更新周期和发布日期等。在具体的流程中,应注意数据提供方在注册过程中需要承诺对注册数据的所有权或控制权,确保提供的数据真实、完整、安全、有效、可用,来源明确、界限清晰。一旦出现数据泄露事故,可为追踪溯源提供有力的证据支撑。

3. 数据授权许可制度

平台管理方在获得数据提供方许可的条件下,通过规定方式,将数据的使用权授予数据使用方。对于重要数据,需要由第三方评估数据使用方的数据保护能力,达标后才能授权。如果涉及隐私数据,管理者负责完成数据脱敏后方可授权。

4. 数据登记使用制度

数据使用方按照规定向平台管理方/数据提供方登记,通过身份及权限审核后,在合法合规的条件下方可获得数据的使用权。数据使用方登记内容应明确所使用的数据类别、数据用途、使用范围、使用方式、使用者信息、联系方式等。

数据使用方应当遵循国家相关政策要求，在授权范围内获取和使用数据，并采取措施确保共享数据不丢失、不泄露、不被未授权读取或扩大使用范围。

5. 数据交易安全管理制度

要对交易双方的资格进行审核。对于数据提供方，重点审核其是否具备数据产权或处置权，是否具备提供数据以及后续更新数据的条件和能力。对于数据使用方，重点审核其是否具备相应的数据安全保护能力。服务提供方应保证数据交易过程的公开、公正和透明，并通过采取有效技术措施，确保数据交易过程的可监控和可追溯。同时做好数据安全和隐私保护问题，交易的数据中不可避免含有个人隐私数据或者政府及企业敏感数据，数据提供方如何合法合规地进行数据脱敏，监管方应给予指导和规范。

（三）研发和应用数据安全技术

数据开放及共享交换过程必然涉及数据的汇聚，数据在提供者和使用者之间的传输，以及数据脱离所有人控制被使用等情况，数据将面临更大的安全风险，包括个人信息泄露、数据遭攻击泄露及数据非法过度采集、分析和滥用等。国家安全主管部门或者相关责任单位提出的数据安全管控要求，包括立法、立制、立标等,最终要有能够部署应用相应的自动化安全监管技术手段,才能把这些要求真正有效落到实处。

四、数据流通安全

随着数字经济的不断发展和大数据技术的深度应用,数据日益成为数字经济时代重要的战略资源和生产要素。数据的天性就是流通的,在安全条件下的开放、共享和利用,能够极大地提高资本、技术、知识等其他生产要素的利用效率和结合对接,有效地推动管理、组织、制度和技术的不断创新。

在数据价值释放初现曙光的同时,数据安全问题也愈加凸显,数据泄露、数据丢失、数据滥用等安全事件层出不穷,对国家、企业和个人用户造成了恶劣影响。在大数据时代,如何应对严峻的数据安全威胁,在安全合规的前提下共享及使用数据,已成为备受瞩目的问题。访问控制、身份识别、数据加密、数据脱敏等传统数据保护技术正积极向更加适应大数据场景的方向不断发展,同时,侧重实现安全数据流通的隐私计算技术也成了热点方向。

数据合规流通需求日渐旺盛,作为要在保护数据本身不对外泄露的前提下实现数据融合的信息技术,隐私计算为实现安全合规的数据流通带来了可能。数据的价值在于融合多源数据进行建模计算。传统的数据保护主要是通过加密的方式,减少信息在传输过程中被第三方非法侵犯的风险;但数据传输完成后必须解密才能被计算使用、形成新的价值，因此无法解决数据滥用问题。针对计算过程中既要让数据隐形又不能影响提取数据价值用于模型训练的诉求，国内外密码学领先的高校如康奈尔大学、加州大学伯克利分校、清华大学、上海交通大学在多方安全计算、可信计算等前沿领域持续开展理论研究，提出了隐私计算的技术框架，让多个参与方在不泄露各自数据的前提下通过协作对数据进行联合机器学习和联合分析。同时，积累了大量用户数据的谷歌、脸书、“BAT”等企业也投入了隐私计算的工程化应用研发、产学联动，追求多方数据“可用不可见”，在保护数据安全的同时实现多源数据跨域合作，以期破解数据保护与融合应用的难题。

由于所要解决的问题十分契合数据流通领域的热点命题，近年来隐私计算技术持续稳步发展，各类市场参与者逐渐清晰。一方面，互联网巨头、电信运营公司以及众多大数据公司纷纷布局隐私计算，这类企业自身有很强的数据业务合规需求，也有丰富的数据源、数据业务、数据交易场景和过硬的研发能力。另一方面，一批专注于隐私计算技术研发应用的初创企业相继涌现，对外提供算法、算力和技术平台，相关理论技术较为扎实专业。整个隐私计算技术领域开始呈现百花齐放的快速发展态势。

（一）同态加密

在数据共享过程中，需要对敏感数据进行脱敏处理，保证其不被泄露。同时，敏感信息本身具有分析和应用价值，若全部脱敏，将无法发挥其数据价值。同态加密技术为敏感数据隐私保护提供了一种新的解题思路——将数据中的敏感信息进行同态加密，但不影响其可操作性。在数据交易场景中，数据需求方事先无法获知数据使用效果，因此无法评判数据价格是否合理。因此，在数据交易前，数据需求方可用部分加密数据进行计算，验证其可操作性及业务相关性，以此为基础，确定需求数据价格的合理性。

对经过同态加密的数据进行处理得到一个输出，将此输出进行解密，其结果与用同一方法处理未加密的原始数据得到的结果一致。也就是说，数据经过同态加密之后，如果对密文进行特定的计算，对得到的计算结果进行对应的同态解密后的明文等同于对明文数据直接进行相同的计算，这实现了数据的“可算不可见”。同态加密技术可应用于数据交易过程。①

与普通加密算法只关注数据的存储安全不同，同态加密算法关注的是数据处理安全，提供对加密数据进行加法和乘法处理的功能。使用同态加密算法，不持有私钥的用户也可以对加密数据进行处理，处理过程中不会泄露任何原始数据的信息。同时，持有私钥的用户对处理过的数据进行解密后，可得到正确的处理结果。

---

① 李杰，张江.全同态加密研究与挑战[J].中国计算机学会通讯，2018，14(10)：16-19；Yakoubov S，Gadepally V，Schear N，et al.A survey of cryptographic approaches to securing big-data analytics in the cloud[C]//2014 IEEE High Performance Extreme Computing Conference (HPEC)，September，2014：1-6.

同态加密算法从功能上可分为部分同态算法和全同态算法。部分同态算法支持加法同态、乘法同态或者两者都支持，但是操作次数受限。而全同态算法则能不受限制地同时支持加法和乘法操作，从而完成各种加密后的运算（如加减乘除、多项式求值、指数、对数、三角函数等）。

目前，单一地支持加法同态操作或者乘法同态操作的同态加密算法设计相对简单，如 Paillier 算法、EIGamal 算法等，这类算法在一些相对简单的数据分析场景中已足够满足需求。但是从数据流通的角度来看，数据处理的方式和场景会越来越复杂，单一的加法同态或者乘法同态将无法满足要求。全同态算法将为数据加密操作提供完备的解决方案，然而目前只是在理论层面论证了全同态加密算法的可行性，其核心算法和性能问题尚未取得突破，存在密钥制作时间长以及制成的密钥过大等难题，技术界仍在积极探索。

同态加密在数据流通领域，特别是在数据共享和数据交易过程中，具有广阔的应用前景。利用同态加密，可以委托不信任的第三方对数据进行处理而不泄露信息。

（二）数据安全标识

在对数据资产进行安全管控的过程中，安全有效地对数据进行属性标注与识别是一项基础而又关键的工作。数据安全标识技术，是在不破坏数据可用性、不影响数据正常使用的情况下，对数据进行安全属性标记，为数据全生命周期安全管控提供安全可信的数据属性信息支撑与保障。

1. 数字水印

数字水印技术的目标是,在分发后可对数据流向进行追踪;在数据泄露行为发生后,可对造成数据泄露的源头进行回溯。对于结构化数据,在分发数据中采用增加伪行、增加伪列等方法掺杂不影响运算结果的数据,如果拿到泄露数据的样本,即可追溯数据泄露源。对于非结构化数据,数字水印可以应用于数字图像、音频、视频、打印、文本、条码等数据信息。在数据外发的环节加上隐蔽标识水印,可以追踪数据扩散路径。

基于计算机算法的数字水印技术是一种较好的数据确权手段。在数据交易前,数据所有方可以通过计算机算法生成水印,并将水印嵌入待交易的数据,即对数据资产完成标记,实现对数据资产的确权。

数字水印具有较好的隐蔽性、鲁棒性,不仅难以被感知或篡改,而且可以抵御多种形式的数据攻击。因此,在出现数据权属纠纷时,对数字水印的提取和检测可以快速确定数据的权属。

2. 数据标识

数据标记技术的原理是通过处理标识数据保留特征数据,这样既实现了保护个人信息,又实现了数据安全流通的目的。数据标识技术由两个核心功能组成——流通控制与标识算法。其中,流通控制是指管控整体流通流程;标识算法是对明文标识进行转换,并在不同数据流通参与方之间对转换后的标识进行关联性匹配。

结合数据流通的流程，数据标识技术可以形成针对个人隐私信息的安全防护，确保数据供应方的个人信息合法流通至数据需求方，因此，数据标识技术可以作为数据流通安全管控的有效方法。

3. 数据指纹

数据指纹是将不同的标志性识别代码，利用数字水印技术嵌入数字媒体，然后将带有指纹的数字媒体分发给用户。发行商发现盗版行为后，就能通过提取盗版产品中的指纹，确定非法复制的来源，对盗版者进行起诉，从而起到版权保护的作用。

为避免数据交易证据灭失或者发生纠纷后难以取得，可采取保全措施固化电子证据，起到维护数据权利人的利益、规范网络环境秩序、震慑违法分子、减少违法犯罪发生的作用。具体包括电子合同、电子订单、各种电子文档等，保全后的电子数据可以确保真实有效。

电子数据及对应的数据指纹凭证能有效证明电子数据的完整性和产生时间，能更好地支持数据的抗抵赖性，使得参与交易各方无法否认其行为的发生。该方法满足用户实时交易实时固化的需求，为用户提供了便捷通用的电子数据司法保障，也为数据交易提供了安全有效的法律保障。

（三）区块链

区块链技术的核心是，通过去中心化建立所有交易主体对交易内容的共识，打破不同交易主体之间的信任壁垒，保障交易内容的真实可信，从而解决部分信息不对称的问题，降低主体之间的信任成本，提高数据交易效率。

区块链的关键技术包括分布式网络、共识机制、加密算法和智能合约等。将区块链技术应用于数据交易的过程，首先在参与数据交易的数据所有方和数据消费方之间形成分布式网络连接，保证所有网络节点的地位均等。在数据交易的过程中，基于区块链的智能合约可以保障基于预设条件自然形成买卖协议，从而实现数据交易和结算的自动化。市场出清后，为了防止数据被泄露，数据所有方和消费方往往对数据采用加密算法处理后再进行传输。一段时间内的数据交易结果经过共识机制的验证和确认后将记录在区块中，各个区块按照时间顺序逐个连接成不可篡改的区块链。最终，区块链将以副本的形式在分布式网络的各个节点上分别存储。

因为数据实体特殊的易复制性、敏感性，数据流通中的各方会面临更多的信用挑战和安全挑战。区块链技术可为数据持有方、数据需求方、市场运营方面对的核心问题提供相应的解决方案。对于数据持有方，可实现数据隐私保护、操作透明可监督。对于数据需求方，保障数据信息可获取、数据表达一致且具有唯一性，也可引入第三方，构建稳定的数据生态。对于市场运营者，可降低数据流通成本、避免数据垄断等。数据交易与区块链技术结合，将有利于数据交易过程监管，在技术应用时需综合分析我国大数据交易所的建设需求。

（四）安全多方计算

安全多方计算主要针对参与者协同计算及隐私信息保护的问题，其特点包括输入隐私性、计算正确性和去中心化。安全多方计算是密码学研究的核心领域，用于解决一组互不信任的参与方的保护隐私的协同计算问题，能为数据需求方提供不泄露原始数据的多方协同计算能力，为需求方提供经各方计算后的整体数据画像，因此能够在数据不离开数据持有节点的前提下，完成数据的分析、处理和结果发布，并提供数据访问控制和数据交换的一致性保障。[①]

安全多方计算拓展了传统分布式计算及信息安全范畴，为网络协作计算提供了一种新的计算模式，对解决网络环境下的信息安全问题具有重要价值。利用安全多方计算协议，一方面可以充分实现数据持有节点的互联合作，另一方面又可保证秘密的安全性，适用于大数据交易场景。

安全多方计算在需要秘密共享和隐私保护的场景中具有重要意义，可适用场景包括联合数据分析、数据安全查询、数据可信交换等。安全多方计算技术因为参与方个数和计算场景的不同而存在区别。

（1）按参与方区分

按照参与方的数量，安全多方计算技术分为两方计算和多

---

① 汪骁，郁昱.安全多方计算及数据计算的保护[J].中国计算机学会通讯，2018，14(10)：27-30.

方计算。它们之间存在本质的区别。主流的两方计算框架的核心是采用加密电路(Garbled Circuit)和不经意传输(Oblivious Transfer)这两个密码学技术:一方将需要计算的逻辑转换为布尔电路,再将布尔电路中的每一个门进行加密。在完成此操作后,该参与方将加密电路以及与其输入相关的标签(另一方无法从标签中反推输入的信息)发送给另一参与方。另一方(作为接收方)通过不经意传输按照输入选取标签对加密电路进行解密,从而获取计算结果。

(2) 按计算场景区分

按照计算场景的不同,安全多方计算技术分为特定场景的技术和通用场景的技术。特定场景的技术是针对特定的计算逻辑,如比较大小、确定双方交集等。具体场景可以采用多种不同的密码学技术设计协议。通用场景的技术是指安全多方协议的设计要具有完备性,可以在理论上支持任何计算场景。目前采用的方法主要是加密电路、不经意传输及同态加密。通用的两方计算已经具备了商用的条件。多方计算在某些特定场景下也没有太多的性能瓶颈,而通用计算协议在可扩展性层面依然不够成熟,这也是学术界一直在探索的方向。

(五) 零知识证明

在一个零知识证明协议中,证明者向验证者证明一个声明的有效性,而不会泄露除了有效性之外的任何信息。使用零知识证明,证明者无须任何事件相关数据就能向验证者证明事件的真实性。

零知识证明能强化数据合法性的隐性共识，让验证方可以在不知道数据具体内容的前提下确认该内容是否有效或合法，其应用包括数据交易有效性证明、供应链金融、数据防伪溯源等。例如，在数据交易环节中，需要为数据共享或交易双方提供数据有效性及正确性的认证服务，证明数据流转的安全性和可信性，保证整个数据流通的安全可追溯。但在认证过程中，证明方不希望暴露己方的数据信息，要求不泄露真实数据，该技术的应用就是一种较好的有效性认证方式。

零知识证明在功能上分为特定场景的证明方案与通用场景的证明方案。随着数据流通场景的不断复杂化和多样化，通用场景零知识证明将逐渐成为更合适的技术，结合智能合约能更好地保护数据流通中的各类隐私。通用场景的零知识方案理论已经较成熟，目前学术界大部分工作集中在时间与空间的性能优化上，通用场景的零知识方案在未来几年将会逐渐商用。

（六）群签名与环签名

群签名技术是一种允许一个群体中的任意成员以匿名方式代表整个群体对消息进行签名，并可公开验证的机制。群签名方案由群成员和群管理者共同实施。在一个群签名方案中，群管理者创建群，并生成群公钥和群私钥。群公钥公开给所有用户，群私钥由群管理者自己持有。群成员申请加入群后，群管理者向其颁发群证书，并将生成的成员公钥和私钥发给群成员。

群成员可利用成员私钥对消息进行签名,其他用户可用群公钥验证该消息来自本群,但不知具体签名者是谁。只有群管理者可使用群私钥追溯签名者身份。

由于群签名能为签署者提供较好的匿名性,同时在必要时又能通过可信管理方追溯签署者身份,因此群签名技术在诸如共享数据认证、身份认证、金融合同签署、数据交易等事务中发挥着重要作用。群签名被广泛应用到各种隐私保护的场景中,如大数据应用中的身份和数据的访问认证。在网络的匿名认证中,虽然存在一些匿名认证协议,但是在一般情况下,这些匿名认证协议并不提供追责功能。此外,由于大数据应用一般是多域环境,各个域之间很难统一身份供应和访问认证方式。因此,传统的认证协议并不适用于大数据应用,而许多文献研究表明,基于群签名的协议更适合大数据应用中的身份认证和管理。

环签名是一种简化的群签名,环签名方案中只有环成员而没有管理者,不需要环成员间的合作。在环签名中不需要创建、改变或者删除环,也不需要分配指定的密钥,无法撤销签名者的匿名性,除非签名者自己想暴露身份。环签名在强调匿名性的同时,增加了审计监管的难度。然而,正是由于环签名具有无条件的匿名性,它可应用于数据交易的身份隐私保护中,例如,用户加入一个环,当需要签署数据时,用自己的私钥和任意多个环成员的公钥为消息生成签名。验签者根据环签名和消息,验证签名是否是环成员所签。如果有效就接收,如果无效就丢弃。对方也可以对签名进行验证。随着环签名技术的发展,各种具有不同应用背景的环签名方案被陆续提出，同时环签名在数据流通中的应用也越来越广泛。

五、数据跨境流动与监管

在新一轮国际经贸规则中，数据跨境流通成为全球双边/多边贸易合作的重要议题。[①] 一方面，基于"共同理念"的全球数据同盟体系加速构建，形成了欧盟 GDPR 和亚太经合组织跨境隐私规则（CBPR）体系这两大区域性的数据隐私与保护监管框架。众多国家以二者为蓝本，对本国的数据跨境与数据保护规则进行修订。另一方面，两大框架在国与国、区域与区域之间衍生出诸多灵活性的解决方案。2019 年，日韩分别启动与美欧之间的推动数据跨境流动的双边协定，并与欧盟达成充分性保护互认协议。2020 年 3 月，澳大利亚信息专员办公室（OAIC）与新加坡个人数据保护委员会（PDPC）签订了关于数据跨境流动的谅解备忘录，旨在加强数据治理方面的合作，促进两国之间的经济一体化。

各国开始重视数据跨境流动对助推数字经济发展的重要作用，秉持发展与安全并重的原则，以合作共赢为目标，以安全可信为前提，针对隐私保护、数据安全、数据确权、数字税收、数据

---

① 刘绍新.全球化背景下的个人数据跨境流动[J].中国金融，2019，23：68-70；张奕欣，王一楠，吕欣润，等.数据跨境流动各国立法和国际合作机制初探[J].法制博览，2020，2：113-114.

法治等,强化组织与制度创新,有序推动各项工作。

一是数据流动要以安全为前提。没有安全,数据自由流动就无从谈起。要坚决反对劫持、篡改数据,甚至利用数据对他人、他国进行监控、攻击等行为。

二是数据流动要用制度来保障。我国也出台了多个与数据流动相关的制度与法规:《中华人民共和国网络安全法》对数据的运营、备份、存储及其完整性、保密性、可用性等作出了明确规定,为我国数字经济的快速发展提供了强有力的法律保障;《中华人民共和国数据安全法》规定了保护数据安全与支持数据发展的措施,提出建立健全国家数据安全管理制度,落实开展数据活动的组织、个人的主体责任等;《中华人民共和国个人信息保护法》从确立以"告知-同意"为核心的个人信息处理的一系列规则、严格限制处理敏感个人信息、明确国家机关对个人信息的保护义务等方面,全面加强了对个人信息的法律保护。

三是数据流动要有国际规则。数据跨境自由流动涉及各国不同的监管制度,需要各国加强交流与合作,增进共识和信任,共同推动制定切实可行的国际规则,让数据流动更好地促进技术进步,服务数字经济发展。

(一)数据跨境流动现状

随着信息和技术革命的推进,数字经济已经成为全球经济发展的新要求和新趋势,跨境电商、数字贸易等数字经济在全球范围内加速发展,经济贸易全球化推动了数据在不同国家之间的交互、流动。数据跨境流动对发展数字经济、维护国家安全、构建数字红利收入分配体系至关重要。全球各国对数据跨境流动的规制反映了其国际博弈的战略：美欧等发达经济体希望促进数据自由流动；而发展中国家则采取"本地化"防御方式来抵御数据领域的长臂管辖。①

20世纪80年代，数据跨境流动的概念被正式提出，引起了全球关注。数据充分流动、自由竞价、实现市场化配置可以最大化实现数据的价值和效用。但在随后的发展过程中，数据跨境流动越来越多地受到国家战略、地缘政治、经济运行、技术水平、国家安全、隐私保护等一系列复杂因素的影响，各相关方难以达成共识并形成全球统一的治理规则。发达国家数字经济发展水平较高，认为应该促进数据充分自由流动，使数据的经济效用最大化；但发展中国家在数据跨境流动规则上处于防御地位，认为数据无限制的自由流动会对国家主权和安全造成负面影响。2019年以来，脸书、亚马逊等科技巨头滥用数据、境外暗网售卖个人数据等恶性事件引发了新一轮数据跨境流动的"逆全球化"。截至2019年末，限制数据出境的法规已经超过200项，较10年前翻了一倍，数据跨境流动治理规则成为数字经济下各国博弈的焦点。②

---

① 叶开儒.数据跨境流动规制中的"长臂管辖"：对欧盟GDPR的原旨主义考察[J].法学评论，2020，38(1)：106-117.

② 王远志.我国银行金融数据跨境流动的法律规制[J].金融监管研究，2020，1：51-65；李伟.我国金融数据跨境流动规则建设的思考与建议[J].中国银行业，2020，1：41-44；许多奇.个人数据跨境流动规制的国际格局及中国应对[J].法学论坛，2018，33(3)：130-137.

1. 国内数据跨境流动现状

在数字经济发展的今天,数据只有实现在更大范围内的流动共享,才能更好地发挥对经济增长、社会发展、全球化进程的支撑推动作用。随着经济全球化的加快,数据的跨境流动需求日益增强,必须在法规制度、责任体系、安全风险防范等方面做好保障。我国在数据治理方面虽然起步较晚,但随着数字经济大国地位的确立,数据跨境流动治理也被提升至国家战略的高度。2020 年 10 月 29 日,中国共产党第十九届中央委员会第五次全体会议通过了《中共中央关于制定国民经济和社会发展第十四个五年规划和二〇三五年远景目标的建议》,明确提出“建立数据资源产权、交易流通、跨境传输和安全保护等基础制度和标准规范”,有关情况如表 4-1 所示。

表 4-1　我国数据跨境流动的相关政策法规及标准情况

名称	发布时间	部门	相关条文
《数据出境安全评估办法》	2022 年 7 月 7 日	国家互联网信息办公室	全文
《中华人民共和国数据安全法》	2021 年 6 月 10 日	全国人大常委会	第十一条　国家积极开展数据安全治理、数据开发利用等领域的国际交流与合作,参与数据安全相关国际规则和标准的制定,促进数据跨境安全、自由流动

（续表）

名称	发布时间	部门	相关条文
《海南自由贸易港建设总体方案》	2020年6月1日	中共中央、国务院	2025年前重点任务 11. 便利数据流动。在国家数据跨境传输安全管理制度框架下，开展数据跨境传输安全管理试点，探索形成既能便利数据流动又能保障安全的机制
《信息安全技术 个人信息安全规范》	2020年3月6日	国家市场监督管理总局、国家标准化管理委员会	9.8 个人信息跨境传输 在中华人民共和国境内运营中收集和产生的个人信息向境外提供的，个人信息控制者应遵循国家相关规定和相关标准的要求
《中国（上海）自由贸易试验区临港新片区总体方案》	2019年8月6日	国务院	（九）实施国际互联网数据跨境安全有序流动。……试点开展数据跨境流动的安全评估，建立数据保护能力认证、数据流通备份审查、跨境数据流通和交易风险评估等数据安全管理机制……
《个人信息出境安全评估办法（征求意见稿）》	2019年6月13日	国家互联网信息办公室	全文

（续表）

名称	发布时间	部门	相关条文
《数据安全管理办法（征求意见稿）》	2019年5月28日	国家互联网信息办公室	第二十八条 ……向境外提供个人信息按有关规定执行。 第二十九条 境内用户访问境内互联网的，其流量不得被路由到境外
《中华人民共和国网络安全法》	2016年11月7日	全国人大常委会	第十二条 国家保护公民、法人和其他组织依法使用网络的权利，促进网络接入普及，提升网络服务水平，为社会提供安全、便利的网络服务，保障网络信息依法有序自由流动…… 第三十七条 关键信息基础设施的运营者在中华人民共和国境内运营中收集和产生的个人信息和重要数据应当在境内存储。因业务需要，确需向境外提供的，应当按照国家网信部门会同国务院有关部门制定的办法进行安全评估；法律、行政法规另有规定的，依照其规定

在《网络安全法》出台之前，我国未对数据跨境流动作出系统性规范。《网络安全法》第三十七条原则上禁止我国境内关键

基础设施运营者向境外提供在中国境内收集和产生的个人信息或重要数据，可见我国目前对于关键领域数据保护采取了倾向数据本地化存储的态度。但我国并非完全禁止数据跨境流动，《网络安全法》第三十七条对向境外提供个人信息和重要数据的活动设置了安全评估的前提性要求，把安全评估办法的制定权力赋予国家网信部门，其可会同国务院有关部门对安全评估制定具体的操作制度。

我国在加强数据跨境流动法律建设的同时，也在推动试点以探索合理的跨境流动方式。国务院于2019年8月6日印发的《中国（上海）自由贸易试验区临港新片区总体方案》指出，要试点开展数据跨境流动的安全评估，建立数据保护能力认证、数据跨境流动和交易风险评估等数据安全管理机制。2020年6月1日，中共中央、国务院印发《海南自由贸易港建设总体方案》，这标志着海南自由贸易港的建设进入全面实施阶段。该方案指出，要建立健全数据出境安全管理制度体系、健全数据流动风险管控措施。

2. 国外数据跨境流动现状

从当前全球发展格局来看，发达国家与发展中国家对数据的规制出现了较为明显的分歧。一是在立法思路方面，分为自由流动与本地化两类思路。发达国家以促进跨境自由流动为主，从而抢占更多的数据资源；本地化则成为更多发展中国家的防御性选择。二是在立法原则方面，分为属人、属地和保护三种原则。发达国家的数据保护法律以“属人原则”和“保护原则”为主,实现数据领域的“长臂管辖”,例如美国以“保护原则”为主,以保护本国利益为由大肆调取他国数据;欧盟、新加坡和日本则通过“属人原则”确保境内数据主体在境外获得高标准的数据保护水平;发展中国家在话语权方面处于相对弱势的地位,一般采取“属地原则”,法律效力仅限于在境内产生的数据。

(1)美国:以所谓促进自由流动、境外执法权等方式实施数据领域的“霸权主义”。一是以促进数据自由流动形成引流效应。美国凭借其经济和军事实力,长久以来维持在全球的霸权地位,在近期的贸易谈判中,“数据跨境自由流动”被纳入协议条款,以破除其他国家的数据出境壁垒。美国集聚了大量国际性金融机构、科技企业总部,数据开放、自由流动的主张实际上是为其大肆获取其他国家和地区的数据提供法律基础和政治基础,希望借此打破数据国界。此外,规模经济效应会促进数据的集聚,有足够的驱动力让数据从竞争力较弱的国家流向竞争力较强的美国。美国可以从数据集聚中获取最大化的数据价值,进而巩固其霸主地位。美国虽然对数据出境门槛要求较低,但也并非完全不设限制,门槛主要集中在高度涉密的“重要数据”领域。美国前总统奥巴马于2010年签署了13556号行政令,形成受控非秘信息(Controlled Unclassified Information,CUI)列表,如果美国政府认为某信息会对国家安全产生不利影响,就将该条信息标记为“禁止向外国传播”。二是以多边合作构建“数据流动圈”。美国倡议建设无障碍数据流动圈,实际上是利用强权为其获取境外数据提供通道。美国为突破欧盟数据保护的防线，于2000年与欧盟签订《安全港协议》(Safe Harbor)，包括谷歌、脸书、微软等5000多家美国公司在欧洲运营受到该协议的保护，它们将欧洲用户数据传输至美国储存及处理。2013年发生了斯诺登事件，《安全港协议》在2015年被判无效，但在随后艰难的谈判下，美欧于2016年达成《欧盟-美国隐私盾协议》(EU-US Privacy Shield)协议，美国企业自愿承诺遵守欧盟数据保护法规后，即可接收欧盟的个人数据，但协议也规定美国政府和执法机构在介入和访问欧盟数据时，需要按照规定采取安全保障措施。2018年，美国、墨西哥、加拿大签署《美墨加三国协定》(United States-Mexico-Canada Agreement)，规定“任何缔约方不得将金融机构或跨境金融服务提供者所采集的金融数据本地化储存，作为在境内开展业务的前提条件”。此外，美国于2005年签署《亚太经合组织隐私框架》(APEC Privacy Framework)，框架规定获得认证的企业可以自由进行跨境数据流动，但这一框架实施效果较差，仅有二十多家美国和日本企业获得认证。三是以域外效力立法的方式实施“长臂管辖”。美国以反腐败、反洗钱、反恐怖主义、维护国家安全为由跨境执法，借此掌控全球的跨境资金流动数据，严重威胁个人隐私保护和全球数据流动秩序。2001年出台的《美国爱国者法案》(USA PATRIOT Act)授权美国执法机关在全球范围内获取数据，且被要求提供数据的一方不能对外透露被索取数据的任何内容。“9·11”事件后，美国国会依据《国际紧急经济权力法案》(International Emergency

Economic Powers Act),授权财政部随时可以从 SWIFT 调取“与恐怖活动相关”的金融交易和资金流动数据。

2018 年,《澄清域外合法使用数据法案》授权执法机构调取境外存储信息,规定美国电子通信服务提供商和远程计算机服务提供商储存在境外的数据可以被美国“合法”地调取。

(2) 欧盟、新加坡、日本:以充分性认定、建立信任机制等方式维护数据立法话语权。欧盟、新加坡等数字经济发展已经较为成熟的国家和地区,同样希望维持较高的数据自由流动水平,充分利用数据资源。与美国极具侵略性的数据政策不同,欧盟、新加坡采取平衡的监管思路,在所在区域维持高标准隐私保护的前提下促进数据跨境流动,未达标国家和地区或企业禁止数据自由流动。这种监管思路最主要的目的是维护其在数据领域的立法话语权,部分与其贸易或金融依存度较高的国家和地区,会在此影响下修订数据保护法律,通过达到同等的数据保护标准来获得信任。日本则希望通过提高本国的数据保护水平,建立信任机制,从而融入美欧等的自由流动圈。

欧盟建立以“充分性认定”为核心的数据跨境流动机制。欧盟出台的《通用数据保护条例》于 2018 年正式生效,规定获得“充分性认定”的国家和地区可以在不经过数据主体授权的情况下接收欧盟个人数据。欧盟委员会每四年依据数据保护立法、监管机构运作、国际承诺和公约签订三个维度对国家和地区进行“充分性认定”评估。截至 2021 年 4 月,仅有加拿大、新西兰、瑞士等 12 个国家和地区获得了认定。欧盟希望在实现内部采用一致标准后，吸引更多发展中国家接受和加入。

新加坡建立以“相似保护”为基础的信任机制。新加坡的主张是将自身建设成为亚太地区的数据中心。2012 年出台的《个人数据保护法》(Personal Data Protection Act)规定，新加坡企业传输个人数据至第三国时，应满足以下条件：境外接收者受法律义务约束，法律义务应为所传输的个人数据提供与《个人数据保护法》相称的保护标准，法律义务可以通过签订合同、制定公司规程、接收国数据保护立法等途径实现。新加坡国会于 2020 年底通过了《个人数据保护法修正案》，修改了 2012 年通过的《个人数据保护法》。修正后的新加坡《个人数据保护法》新增了个人数据携带权和数据传输义务相关内容，这让新加坡成为效仿欧盟进行数据可携带权立法的代表性国家。

日本希望构建“基于信任”的数据自由流通机制。日本于 2003 年制定了《个人信息保护法》(Act on the Protection of Personal Information, APPI)，并于 2015 年和 2020 年进行了两次较大幅度的修订，2020 年修订案于 2022 年生效。日本希望通过提升本国的数据保护水平与其他国家接轨，以此获取自由接收数据的权利。2019 年达沃斯经济论坛上，日本政府提出“基于信任的数据自由流通”(Data Free Flow With Trust, DFFT)机制，希望主导新的国际规则，在不牺牲个人隐私安全的前提下，允许医疗、工业、交通和其他非个人数据的自由流动。2019 年 9 月，日本与美国签署贸易协定，确立了各领域数据无障碍跨境传输的总体思路，并要求禁止对金融业机构提出数据本地化要求，希望继续保持两国在数字领域的制定国际规则的引领地位。

（3）中国、俄罗斯、印度、巴西：通过限制重要数据出境、数据本地化储存来优先保护国家安全。发展中国家由于缺乏强有力的数据引流能力，如果放开管制，反而可能导致数据大规模向发达经济体输出，进一步削弱自身的竞争力，国家安全也会受到威胁。因此，大部分发展中国家采取严格限制数据流动的本地化政策，但是本地化政策的实施也面临重重阻碍。

我国的个人数据本地化政策在经济实力和综合国力的保障下顺利实施。2017 年施行的《网络安全法》为我国数据本地化奠定了法律基础，其规定“关键信息基础设施的运营者在中华人民共和国境内运营中收集和产生的个人信息和重要数据应当在境内存储。因业务需要，确需向境外提供的，应当按照国家网信部门会同国务院有关部门制定的办法进行安全评估”。

俄罗斯对外经济依存度较低，且政府态度强硬，完全本地化数据政策得以推行。俄罗斯于 2021 年 3 月 8 日通过了《个人数据立法》修正案，提出了严格的数据本地化储存要求，规定必须使用俄罗斯的服务器来处理俄罗斯公民的个人数据，处理这些数据的服务器运营商必须及时将存储数据的服务器位置向俄联邦电信、数字技术和大众传媒监督局备案。

印度的本地化政策受到美国阻拦，仅实现了支付系统数据本地化储存。印度《2018 年个人数据保护法案（草案）》（The 2018 Personal Data Protection Bill）拟限制数据跨境流动，规定一般和敏感个人数据必须在境内留存副本，关键个人数据不得出境。但该法案遭到脸书、万事达卡、维萨、美国运通、贝宝、亚马逊、微软等美国支付和科技巨头强烈反对，称其为“新德里地方保护主义”。迫于压力，该草案在2019年进行了修订，规定敏感、关键个人数据在符合一定条件时可以向境外传输，但存储应继续留在境内，关键个人数据只能在印度处理。尽管如此，对于金融领域的关键数据，印度央行已于2017年禁止跨行、行内支付系统产生的数据出境，且支付系统运营商和商业银行必须对技术服务提供商进行管理，确保所有数据本地化储存和处理。

巴西出于国家安全考虑，也希望推行本地化政策，但其在云计算、大数据等技术方面发展相对滞后，技术条件不满足数据境内储存的要求。巴西《中央银行条例》（Brazilian Central Bank Regulation）规定，金融机构应尽量使用境内数据库，如果使用外部服务器，必须满足相应的数据保护条件，在巴西央行与外部服务器所在国监管机构签订协议后方可传输。

全球数据跨境流动的博弈在维持总体格局的基础上，也出现了新的变化——数据跨境流动呈现出割裂和融合两种背离的方向。一是欧盟与美国跨境流动通道面临割裂。2020年7月，欧盟法院就个人数据跨境转移案件Schrems Ⅱ作出判决，宣布《欧盟-美国隐私盾协议》在跨境数据传输方面无效，美欧“隐私盾”协议破裂，美国从欧盟自由获取数据的通道被切断。2020年10月，爱尔兰数据监管机构出台规定，禁止脸书将欧盟用户的数据传输至美国。二是欧盟与亚太的数据流动自由趋于融合。2020年6月，英国宣布了脱欧后的未来科技贸易战略。此前欧盟与日本通过充分性认定实现自由流动，英国脱欧后，该条款已经不再适用于英国，英国希望与日本等亚太国家签订更深度融合的数据自由流动协议。

当前，世界多国通过国内立法或国际协定等方式加速推进数据跨境流动规则制定。2019 年 9 月，日本与美国签署的贸易协定规定，“确保各领域数据无障碍跨境传输”以及“禁止对金融业在内的机构提出数据本地化要求”，希望制定促进数据自由流动的规则。特别是在新冠肺炎疫情的背景下，各国在数据跨境流动领域频繁发力。2020 年 3 月，基于美国《云法案》，澳大利亚联邦政府修订了《电信（拦截和接入）法案》，允许协议国在出于执法目的的前提下，互相跨境访问通信数据。

（二）数据跨境流动风险

全球海量数据在网络空间中不断流转，带来了经贸交易、技术交流、资源分享等跨国合作，数据的挖掘和利用释放了数据价值、提升了经济效率、增进了社会福祉。但与此同时，这些数据不可避免地涵盖了个人敏感信息、企业运营数据和国家信息数据。随着敏感数据的规模越来越庞大，数据种类越来越丰富，数据跨境流动越来越频繁，安全风险日益加剧。此外，数据跨境流动在专业技术、知识产权、政策法规等方面都还存在一些问题，如何有效防范数据跨境流动带来的风险，成为进一步推进数据治理、护航数字经济亟待解决的问题。

数据跨境流动的风险存在于数据生产、采集、传输、存储、处理和共享等环节,安全威胁成因复杂交织。数据跨境流动的风险主要表现在以下几个方面。

1. 跨境数据难以梳理分类,不当应用引发风险隐患

国际数据公司(IDC)发布的《数字化世界:从边缘到核心》白皮书和《IDC:2025 年中国将拥有全球最大的数据圈》白皮书预测,2018—2025 年中国数据圈的年平均增长速度是 30%,比全球平均水平高 3%。2018 年,我国共产生约 7.6ZB 数据,预计到 2025 年我国数据量将增至 48.6ZB,占全球的 27.8%,成为最大的数据圈,远超美国的 30.6ZB。这些数据来自各类平台、设备,对信息和上下文分析至关重要。随着经贸、技术等多领域的国际合作,各类数据也日益频繁地在全球跨境流动并得以累积。通过分析这些数据,可产生深度影响企业、个人的数据,甚至得出关乎经济运行、社会治理、公共服务、国防安全等的关键信息。例如,根据跨国电商订单等数据可推测用户群体的消费情况和对应行业的宏观经济运行情况。

在数据跨境流动过程中,如何对已有的和源源不断产生的海量数据进行全面梳理和有效管理,这是个不小的挑战。一方面,数据在产生、存储后,开放利用的情况随着数据采集、挖掘、分析等技术的不断发展而动态变化,加上数据体量大、增速快,当下未必就能准确地完成分级分类评估;另一方面,跨境流动中已被开发利用的各类数据,呈现出形态各异、应用领域广泛、价值定义不明的状态,新技术、新业态引发的数据风险未知大于已

知，加剧了数据跨境流动的安全隐患。

2. 各国高度重视数据跨境流动规制的角力

数据跨境流动规制的角力会影响不同国家对全球数据强弱不均的支配力，进一步影响商业先机的把握、公共事务的话语权和国际竞争力，世界各国对此都高度重视、纷纷布局、持续跟进。

欧盟设立高标准的数据保护条例，并在全球范围内大力推广欧盟标准，延伸其成员国关于数据跨境流动的权利范畴，以维护欧洲利益。欧盟通过《通用数据保护条例》设立了全球几乎最严格的隐私保护制度，同时向全球推广《个人数据自动化处理中的个人保护公约》（“第 108 号公约”），旨在推动欧盟以外的国家向欧盟数据保护标准靠拢，以扩大其数据跨境流动框架的影响力。同时，为驱动以数据为要素的科技创新，进一步提升竞争力，欧盟也在尽力消除内部的数据流动障碍。例如，《欧洲数据经济中的私营部门数据共享指南》和《欧盟非个人数据自由流动框架条例》竭力减弱欧盟成员国在欧洲的数据本地化趋势，推动数据共享，助力数字经济发展。

美国利用在信息通信技术、产业等方面的先天优势，主张全球数据自由流动，意图通过遍布世界各地的美属企业分支机构，得到更多经济利益，占领数据领域的制高点。2018 年 11 月，澳大利亚等加入了亚太经合组织倡议构建的跨境隐私规则体系（CBPR）。至此，APEC 的 21 个经济体中共有 8 个加入 CBPR 体系，进一步促进了 CBPR 体系内各经济体间数据的跨境流动。

以美国为主导的多边数据跨境流动自律机制和隐私保护计划有了新进展。2018 年 3 月，美国总统特朗普签署了《澄清域外合法使用数据法案》（CLOUD），从法律层面对跨境调取海外公民的信息和通信数据等方面的内容进行了规定。根据数据的重要性和影响程度不同，美国对一些重要行业、重点领域或安全敏感的数据，实施禁止或限制出境的管理。例如，美国法律规定，对于安全类数据，存储的物理服务器必须分布在美国境内，只有美国公民可以访问，不能存于任何连接公共云的数据库；对于其他数据，要求通过政府的安全风险评估后才能外包。

从发达国家的经验可以看出，数据跨境流动规制，应聚焦于恰到好处的数据本地化策略和健全的数据跨境流动制度，即尽量减少数据安全风险，更好地保护数据资料、数据资源和数据资产；同时，持续推动数据自由流动，有效地释放数据潜力，护航国内以数据为核心的数字产业。

3. 跨境数据攻击升级，加剧数据风险

随着数据价值攀升，以数据为目标的跨境攻击越来越频繁。一是攻击者从独立的黑客扩展到具有特定诉求的专业团体。例如，全球最大的 SIM 卡制造商金雅拓曾遭英美联合攻击，SIM 卡密钥被盗取，进而解密、监控移动通信用户的语音等通信数据。二是攻击对象从个人设备逐渐升级为各类泛在网络设备、终端和软硬件，甚至包括关键信息基础设施。例如，移动设备的 GPS、麦克风、摄像头，移动通信的 SIM 卡、蜂窝基站、热点、蓝牙、Wi-Fi，以及广泛分布的物联网设备等。2018 年 4 月，黑客组织“JHT”利用思科智能客户端漏洞大肆攻击包括俄罗斯和伊朗在内的多个国家的网络基础设施，波及多个互联网数据中心及组织机构，交换机配置信息被清空，导致网络业务瘫痪。三是攻击方式随着技术发展不断演变升级，越来越多样，越来越隐蔽，越来越智能。例如，剑桥分析公司通过对脸书用户数据的智能分析，获取用户包括种族、性格、信仰在内的各类隐私信息，非法牟利。还有对人工智能算法实施逆向攻击，非法获取算法内训练数据和运行时采集的数据等。经由攻击获取的数据，流入数据地下交易市场，向境外海量转移，进一步加剧了数据安全风险。

（三）数据跨境流动监管

《中华人民共和国网络安全法》第三十七条规定，应当按照国家网信部门会同国务院有关部门制定的办法进行安全评估。安全评估采取的是“一般自评估+特别情况行业主管部门组织评估+网信办兜底”的模式。因此，在数据跨境流动监管方面，国家监管部门、行业主管部门等需协同进行管理。数据跨境流动监管可参考以下文件。

（1）法律：《中华人民共和国网络安全法》；

（2）行政法规：《个人信息和重要数据出境安全评估办法（征求意见稿）》；

（3）国家标准：《信息安全技术 数据出境安全评估指南（征求意见稿）》。

同时，数据跨境流动作为数据保护的重要一环，面临着日益严峻的风险和安全挑战，亟须科学完备的数据安全保障体系。

1. 完善法规制度环境

要深入贯彻落实《网络安全法》，加快开展《数据安全法》《数据出境安全评估办法》等专项法律法规和政策的修订，明确国家各部委监管职权范围。建立健全行业数据分级分类制度，加强能源、电力、制造、通信、金融、交通等重点行业数据出境使用规范和安全保障。加强多部委统筹，建立部际数据跨境流动管理工作机制，联合制定相应监管政策和措施，保证跨境数据流动的合法性、正当性、必要性。推动制定数据跨境流动的国际管理规则，探索构建数据港、数据海关等功能区域，通过经济、法律、技术、管理、国际规则等多种手段，建立健全数据跨境取证、域外管辖等的国际协调机制。

2. 构建安全责任体系

制定完善行业数据出境分级分类的指导目录、等级保护条例和管理细则，与现有的网络安全和数据安全管理体系做好衔接。明确监管部门、行业主管部门和企业等的责任和义务，构建涵盖数据生产者、使用者等主体的权责分明的安全责任体系。授权监管机构建立数据跨境流动安全评估和审批认证制度，确立测试标准，明确认证流程，细化审核程序。统筹不同行业主管部门联合开展针对数据跨境流动的安全检查和风险评估，督促指导各责任主体落实数据安全防护和出境管理相关要求，建立健全突发事件应急处置机制。

3. 强化数据安全保障

布局完善产学研用投协同的数据安全科技创新生态,加强数据安全新技术、产品和服务的应用和推广。对数字基础设施进行安全加固,推进国产化部署,防范系统、网络后门以及非法数据通道。推动数据加密、隔离、防泄露、溯源、销毁等技术研发,提升数据跨境流动全环节风险监测和安全防护水平,以实现数据系统攻不进、数据传输切不断、数据资产窃不走、数据滥用行为赖不掉的目标。鼓励制定具有行业针对性的数据安全防护和出境管理解决方案,组织开展重点领域试点示范,探索行业最佳产品和服务实践,推动技术创新、应用推广和产业化。

(四) 数据流动与数据主权

当前,国家间数据资源争夺与保护不断升级,"长臂管辖"原则、法律"域外效力"等扩张数据管辖权的制度一再出现,全球数据跨境流动近二十年相对稳定的国际规则制度被不断推倒重建,进入了新的动荡变革时期。2019 年 10 月,美英签署"史上首份"双边数据互通协议,这将对我国乃至全球数据治理体系及数字主权产生广泛而深远的影响。[①]

1. 美英签署"史上首份"数据互通协议

2019 年 10 月 3 日,美国司法部长比尔·巴尔(Bill Barr)与

① 张茉楠.加快提升国家整体数据安全治理能力[J].社会治理,2020,2:81-85.

英国内政大臣普丽蒂·帕特尔(Prit Patel)签署了一项新协议。该协议将消除法律障碍，允许两国执法机构直接获取对方的科技公司(如脸书、谷歌、推特等)的用户、通信数据，以便更迅速地调查恐怖主义及其他严重的犯罪行为。新协议是根据美国2018年通过的《云法案》迈出的第一步。尽管协议尚未包含禁止科技企业加密数据的权力，如端对端加密，即仅有通信的两方能够看到数据的加密功能，但根据协议条款，在获得适当的法院授权之下，执法部门可通过"长臂管辖"直接向对方国家的科技公司请求存取电子数据，执行时间缩短至几周或几天，不必再通过可能耗时数年的政府流程。而此前两国只能通过政府层面的"共同法律援助"(MLA)机制为本国执法部门申请数据，这往往需要花费半年至两年时间。这份双边协议如同样本，美国将可广泛同各国签署。当前，通过限制重要技术数据出口和特定数据领域的外国投资，遏制战略竞争对手发展，确保自身在科技领域的全球领导地位，美国形成了一套较为完整的制度。自特朗普政府大力推行"美国优先"的贸易保护主义政策以来，美国积极使用这类管制措施作为遏制战略竞争对手的重要手段，甚至将数据跨境政策与贸易投资政策深度捆绑。美国的出口管制并不限于硬件的出口，还包括具体的技术数据，即受管制的技术数据"传输"到位于美国境外的服务器保存或处理，需要取得商务部工业和安全局(BIS)的出口许可。在外国投资审查方面，其改革后的《外国投资风险审查现代化法案》扩大了"涵盖交易"的范围，将涉及所谓"关键技术""关键基础设施"的公司以及外国人对保存或收集美国公民敏感个人数据的公司进行的非控制性、非被动性投资都纳入其审查范围。而加强行政和司法“长臂管辖”也成为美国的重要政策选项。

2. 赋予美国数据“长臂管辖权”的《云法案》

对数据资源的渴求反映在主要国家扩张性的数据主权战略中,在立法层面体现为管辖权的扩张。2013 年,“斯诺登事件”推动美国将数据跨境流动纳入政治议题,与国家安全、网络安全、隐私保护等政策紧密挂钩,加剧了各国政府在网络空间的战略博弈与数据资源争夺。一方面,美国在国际上大力推行数据跨境自由流动政策,主张数据本地化是一种贸易壁垒和不正当竞争行为。通过制定相关法律法规为合法调取并存储他国境内数据提供制度保障。另一方面,美国通过“长臂管辖”扩大国内法域外适用的范围,以满足新形势下跨境调取数据的需要。《云法案》正是加强美国政府获取海外存储数据权力的体现。该法案对 1986 年出台的《存储通信法案》(SCA)进行了重要修正,使联邦执法部门能够强制位于美国的电子通信或远程计算服务提供商披露其拥有、保管或控制的要求数据,无论数据存储在美国或外国。赋予了美国政府调取存储于他国境内数据的合法权力,为获取他国数据扫清了制度性障碍,建立了一个可以绕过数据所在国监管机构的数据调取机制,将美国执法机构的执法效力实质性地扩展至数据所在国,这也在很大程度上改变了全球数据主权的游戏规则。该法案有几大显著特点:一是美国政府可以依据数据的重要性和影响程度的不同，对一些重要行业、重点领域或安全敏感的数据实施禁止或限制出境的管理；二是该法案采取的是“数据控制者”标准，打破了“服务器标准”，允许调取不在美国境内的电信服务或远程计算机服务的提供者控制、监管的数据。为此，《云法案》精妙地设计了一套打破各国数据本地化政策屏障的框架。

第一类是“数据核心区”。该区域涉及美国国内的数据，是美国人的数据，属于关键领域，严格处在美国法的管辖之下，并受到隐私权的保护，其他任何国家都不能单方面获取核心区数据。

第二类是“数据合作区”。法案提出美国与“适格外国政府”基于“礼让”（Comity）进行数据信息交换，允许这些国家的执法机关获得美国公司的境外数据，以换取美国获得该国公司境外数据的权力。同时，当美国政府在这些国家获取信息时，信息提供者可以向美国法院提出撤销或修改动议，以违反该国家的相关法律为由拒绝提供相关信息或数据。

第三类是“数据自由区”。该区域涉及“非适格外国政府”的信息和数据，只要与美国产生“最低限度关系”就完全处于美国的司法管辖之下。美国政府可以随心所欲地获取相关信息，该国对这些信息的法律保护无法成为信息提供者拒绝提供信息的司法抗辩理由。由此可见，《云法案》抛开了传统的双边或多边司法协助条约，单方面赋予美国政府对全球绝大多数互联网数据的“长臂管辖权”，该做法不仅损害了数据所在国对其境内数据的管辖权，加剧了当前国家间与数据有关的司法主权冲突，也对强调“隐私保护”乃至“数字主权”的国家构成了极大挑战。事实上，其他国家要调取存储在美国的数据，必须通过美国“适格外国政府”的审查，需满足美国所设定的所谓人权、法治和数据自由流动标准。从法案设置的一系列条件来看，我国很难被美国认定为“适格政府”，这将对我国数据主权造成较大冲击。

3. 推动建立以美国为核心的全球数据霸权

美国以“数字自由主义”为名，行“数字保护主义”或“数字霸权主义”之实。随着中美在高科技领域的竞争趋势加剧，地缘政治因素对数据跨境流动政策的影响将进一步加大，关涉“国家安全”的重要敏感数据也将成为跨境流动的限制重心。特别是特朗普上台后，美国在前沿和基础技术领域对我国实施管控，限制大量技术数据和敏感个人数据的跨境转移，并以长臂管辖及强大的情报和执法能力作为支撑。与此同时，美国在此领域的强势主张势必影响其战略盟友对我国的技术转移和数据跨境流动策略，强化了以国家安全为主要考量的数据跨境流动政策的价值取向，这将进一步破坏既有的商业和贸易规则，阻碍数字贸易的全球化发展。

为进一步扩展在全球的数据霸权，当前美国正加紧与其领导的多国情报联盟即“五眼联盟”（Five Eyes Alliance）构筑“数据同盟体系”，强化以“国家安全”为主要考量的数据跨境流动政策的价值取向。2019 年 7 月 30 日，“五眼联盟”在一份声明中表示，科技公司应该在其加密产品和服务中纳入新机制，允许政府拥有适当的合法权限，以可读和可用的格式获取数据。事实上，这已不是“五眼联盟”第一次要求科技公司开设加密“后门”。英国情报法早已允许政府强制本国公司破解加密信息；澳大利亚政府2017年的一份备忘录呼吁采取法律行动，防止不可破解的加密行为；2018年，“五眼联盟”联合发布备忘录，督促政府要求科技公司设立加密“后门”，而对于不合作的企业，则可以采取强制措施进行数据访问。此外，美欧日正试图联手制定跨国数据流通规则，构建基于“共同理念”的“数据流通圈”。2019年，G20大阪峰会期间，日本商议与美国商务部、美国贸易代表办公室和欧洲委员会等机构从2019年开始启动制度设计，具体议题包括：允许个人和产业数据的相互转移；严格限制向个人信息保护体制不完善的国家转移数据；对违反要求的企业处以罚款；等等。进而打造美日欧互认的数据共同体，建立以西方为中心的数据跨境流动规则框架。

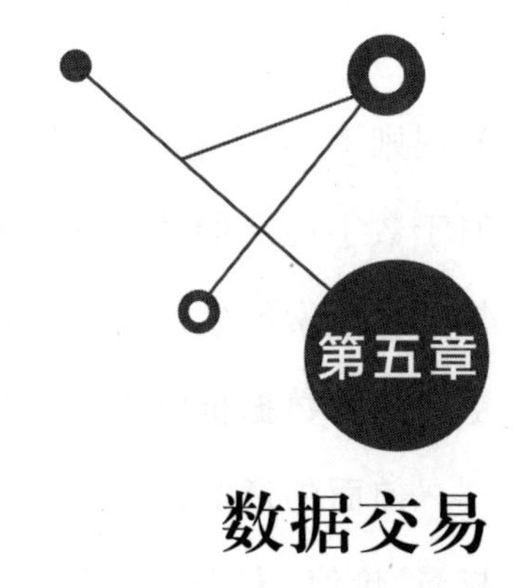

数据交易

一、 数据交易的三大基础：权属、价值、安全

数据是当今时代的新型生产要素，在经济增长中发挥了重要作用。数据的适用性广泛，既能在各种经济生产场景中提高效率，也蕴含了大量的信息与知识。

在微观层面，数据是知识的重要载体，是个人重要的信息来源。对企业而言，数据蕴含市场中的用户信息，是企业制定运营策略的依据。在数字行业中，初创企业需要获取原始数据资源积累，如果市场中数据融通比较困难，则容易在某一数字领域形成较高的进入壁垒。数字“大厂”也易于将在某一领域的数据优势拓展到其他领域，进而形成数字生态型垄断。由此，数据的流通是必然的趋势，数据的融通与交换能促进知识共享，创造更多的价值，让数据要素更具活力。

数字交易是实现数据融通的重要方式，具体是指在市场交易规则下，以数据产品或数据服务为交易目标的交换行为。它属于数字经济的基础性环节，能够有效提升数据的流通效率，增加数据要素的生产价值。广义的数据交易还包括数据交易产业链上涉及数据价值深度挖掘的交易服务和技术服务。

前面的章节论述了与数据（信息）相关的三个基础概念，即权属、价值、安全，这三者正是数据交易能够推行的关键要素。权属是数据交易的本质，价值是数据交易的条件，安全是数据交易的保障。

（一）权属是数据交易的本质

在传统经济中，商品的交换与买卖是市场的核心，其本质是通过付费实现商品的所有权转移。但当数据成为交易对象时，如果数据权属不明确或数据安全保护不到位，数据拥有者就可以将数据无限复制，从而破坏“所有权”的交易。当市场中的参与者进行数据交易时，数据在交易之后被转卖、二次处理等情形，将导致市场参与者对数据交易持保守的态度。数据的“非竞争性”让数据的交易变得困难，其本质是数据所有权转移的困难。

究其本质，数据的“非竞争性”导致传统交易中“所有权”交易方式不适用。由于权属实际是交易的本质，因此确权上的模糊导致数据交易很难开展。所以，管理者需要根据市场中的需求将数据的权属细化，如将数据权属细分为“使用权”“访问权”“转售权”等，这样数据权属交易的目标能更加明确。由此，交易发生后,卖方将确保数据在己方可以接受的范围内使用,管理者也能对买方后续的行为进行针对性监督。不仅如此,交易权属的细化也有助于交易价格的明晰,比如数据访问权的价格应该低于数据使用权的价格。

数据这一新型生产要素,其特殊性一方面来自非竞争性,另一方面,数据还与大量的个人信息相关联(例如互联网企业收集的大量个人数据)。非竞争性需要在交易中细化数据的权属,而个人信息则带来数据权属确定的困难。基于数据是否与个人相关联,可以将其分为个人数据与非个人数据(完全无法与个人相关联的数据)。

较于个人数据,非个人数据的权属较为清晰,可以认为全部属于某一企业,同时不涉及个人隐私信息,企业进行后续处理时几乎没有隐私风险。但被企业收集的个人数据的权属则较为模糊,针对企业或者个人控制的此类数据,权属的类型决定了数据后续处理的方式。企业如果出售这部分数据,是否要征得数据涉及的所有个人的同意,出售获得的利润是否及如何分配给所有者,都需要解决数据权属的问题。

目前,大部分个人数据无法明晰权属,即使应用隐私保护技术也存在信息丢失的可能性。理想的权属关系、安全保护技术以及数据规制,需要采用实践先行的策略逐步迭代构建。首先通过机制设计激发数据交易的活跃性,在实践的经验中不断完善数据确权方式,才能探索出既有深刻理论依据,又能服务市场的数据确权新模式。

（二）价值是数据交易的条件

商品交易需要双方认可交易价格，因此，价格是双方都能接受的交易条件。价格是商品市场均衡的结果，也是商品价值的直接体现。当数据权属确定后，针对数据某一权益的定价是否合理及公允，是该数据交易能否达成的条件。

目前针对数据定价的实践努力是数据的“三化”：资源化、资产化、资本化。① 数据进入金融及资本领域，将拥有更好的流通性，这有助于为数据确定价值。

（1）数据资源化

数据资源化是指通过收集、处理、整合、分析等数据科学的方法，将无序、无价值的数据转化为达到可采、可见、标准、互通、可信标准的有序、有价值的数据资源。

（2）数据资产化

数据资产化是指数据通过机构内部使用或流通交易的方式，为使用者带来经济利益的过程。

资产是资源的子集。可以作为“资产”的数据资源，需要满足两个条件：一是数据本身可产生价值，二是可帮助现有产品实现收益的增长。

数据资产化是数据要素市场发展的关键，其本质是希望数据通过交换，在市场中形成其自身的经济价值。

---

① 中国信息通信研究院政策与经济研究所.数据价值化与数据要素市场发展报告(2021年)[R].北京：中国信息通信研究院政策与经济研究所，2021.

(3) 数据资本化

数据资本化是指数据由货币性资产向可增值的金融性资产(比如股票)转化。

数据资本化可以让数据拥有者(融资者)和数据投资者共同分享数据经济收益。从数据拥有者的角度来看,在数据资本化后,其仍可保有数据的相关权利,因此在实现资金融通的基础上,可以对数据进行进一步分析,继续实现其经济价值。从投资者的角度来看,与股票市场类似,可根据市场条件对数据进行投资,共担风险,共享收益。数据资本化主要包括四种方式:数据证券化、数据银行、数据质押融资、数据信托。

目前学者们针对数据价值的理论研究,主要分为两种思路:一是基于市场来定价,即不基于数据本身属性标价,而是根据市场反应定价;二是基于数据价值来定价,即根据数据本身的统计性质或与机器学习模型的集合厘定数据本身价值,从而确定数据价格。

下面介绍几种基于市场的数据定价策略。

协议定价:交易双方依次出价试探对方心理预期,价格处于双方都能接受的范围内。[①]

拍卖定价:对数据进行公开竞价,出价最高者获得数据,数

① Bakos Y, Brynjolfsson E. Bundling information goods: pricing, profits, and efficiency[J]. Management science, 1999, 45(12): 1613-1630.

据的复制份数自然会影响拍卖出价。[①]

动态定价：根据当前市场的实时变化与买方反应制定策略为产品定价，卖方往往综合市场中的多种因素，通过定价寻求最大利润。[②]

使用量定价：根据使用数量确定支付价格，如流量、计算资源等。[③]

免费增值定价：在服务中设立免费和付费两种模式，利用免费模式展示产品吸引买方。[④]

基于数据价值本身的定价，包括第三章提及的信息价值、影响函数、信息熵、数据沙普利值等。还有一些学者以数据的实效性、数据集的大小辅助定价[⑤]，或是将数据贡献视作个人的"隐私披露"，使用差分隐私技术手段量化隐私为数据定价[⑥]。除此之外，一些机构也给出了数据定价的具体公式。光大银行联合瞭

---

① 陈志注，王宏志，熊风，等.大数据拍卖的定价策略与方法[J].中国科学技术大学学报，2018，48(6)：486-494.

② Kephart J O，Brooks C H，Das R，et al.Pricing information bundles in a dynamic environment[C]//Proceedings of the 3rd ACM Conference on Electronic Commerce，October，2001：180-190.

③ Bocken N M P，Mugge R，Bom C A，et al.Pay-per-use business models as a driver for sustainable consumption：evidence from the case of HOMIE[J].Journal of cleaner production，2018，198：498-510.

④ Myers B A，Stylos J.Improving API usability[J].Communications of the ACM，2016，59(6)：62-69.

⑤ Niyato D，Alsheikh M A，Wang P，et al.Market model and optimal pricing scheme of big data and internet of things (IoT)[C]//2016 IEEE International Conference on Communications (ICC)，2016：1-6.

⑥ Shen Y，Guo B，Shen Y，et al.Personal big data pricing method based on differential privacy[J].Computers & security，2022，113：102529.

望智库发布《商业银行数据资产估值白皮书》,提出了 BVI(业务价值)及 IVI(内部价值)这两种非货币的估值方法:业务价值代表数据对其业务的贡献的估值;内部价值体现了数据本身的统计特性估值。普华永道在《开放数据资产估值白皮书》中,提出了“数据势能”这一概念,公共数据资产价值受到公共数据开发价值、潜在经济价值呈现因子、潜在社会价值三方面的影响,由这三者相乘计算。结合专家打分法,白皮书对 18 个省级公共数据开放平台进行了实证评估。

(三)安全是数据交易的保障

数据交易的达成还需要构建安全可靠的市场环境。数据交易中的安全需求主要来自两个方面。一方面,数据交易大部分是个人数据的交易,个人隐私的安全需要保障。在 App 层面,平台与用户签订个人信息处理、使用同意书,但个人网购行为数据经过交易后,若加密措施不完善,买方可以通过技术手段从数据中还原个人信息,进而进行不正当牟利,损害个人权益。另一方面,交易完成后的数据卖方权益也需要保障。比如,买方在购买数据后,对数据的不当使用或违反数据交易协议,进而转售或牟利,造成卖方的权益损失。

由此,保障数据安全能保证合规正当的数据交易者的权利,尽管这可能会增加数据交易过程中的成本,但最终将筛选出市场中的“良币”,促进市场规模逐步有序扩大。

在保障数据安全方面,同样可以分为两个维度:一是规制上的要求，明晰买卖双方的权利与责任；二是技术手段的支撑，既能对买卖双方的交易行为进行有效的监督，又能通过加密手段杜绝或减少隐私的泄露。

在规制方面，《中华人民共和国数据安全法》是我国数据安全管理的基本法律，重点关注数据安全保护和监管。随着我国在数据安全方面的法律法规及标准规范的不断完善，逐步建立了以《网络安全法》《数据安全法》《个人信息保护法》等为统领，地方和部门行政法规、行业规章为支撑，规范及规定文件为配套的数据合规合法制度体系。（见表 5-1）

表 5-1　国内数据安全相关文件

法律法规	层级	实施时间
《数据出境安全评估办法》	全国性	2022 年 9 月
《个人信息保护法》	全国性	2021 年 11 月
《数据安全法》	全国性	2021 年 9 月
《网络安全法》	全国性	2017 年 6 月
《电信和互联网用户个人信息保护规定》	全国性	2013 年 9 月
《网络数据安全管理条例(征求意见稿)》	全国性	
《数据安全管理办法(征求意见稿)》	全国性	
《信息安全技术 数据出境安全评估指南(草案)》	全国性	
《重庆市数据条例》	地方	2022 年 7 月
《深圳经济特区数据条例》	地方	2022 年 1 月
《上海市数据条例》	地方	2022 年 1 月
《汽车数据安全管理若干规定(试行)》	行业:汽车	2021 年 10 月
《金融数据安全数据安全分级指南》	行业:金融	2020 年 9 月
《国家健康医疗大数据标准、安全和服务管理办法(试行)》	行业:医疗	2018 年 7 月
《金融数据安全数据安全评估规范(征求意见稿)》	行业:金融	

除此之外,数据的分类分级管理是我国保障数据安全的重要基础制度。数据分类是根据某种标准,按照属性或特征对数据进行划分。数据分级是根据数据的重要性和敏感程度,或非法使用后的影响程度来对数据进行划分。

《数据安全法》第二十一条规定“国家建立数据分类分级保护制度,根据数据在经济社会发展中的重要程度,以及一旦遭到篡改、破坏、泄露或者非法获取、非法利用,对国家安全、公共利益或者个人、组织合法权益造成的危害程度,对数据实行分类分级保护”。

2021 年 11 月,国家互联网信息办公室发布《网络数据安全管理条例(征求意见稿)》,其中第五条提出“按照数据对国家安全、公共利益或者个人、组织合法权益的影响和重要程度,将数据分为一般数据、重要数据、核心数据,对不同级别的数据采取不同的保护措施。国家对个人信息和重要数据进行重点保护,对核心数据实行严格保护”;第二十七条要求“各地区、各部门按照国家有关要求和标准,组织本地区、本部门以及相关行业、领域的数据处理者识别重要数据和核心数据,组织制定本地区、本部门以及相关行业、领域重要数据和核心数据目录,并报国家网信部门”。

上述条文对于“重要数据”尚没有统一的定义,但部分行业已开始实践相关要求。例如,2021 年 10 月,《汽车数据安全管理若干规定(试行)》开始实施,国家互联网信息办公室在其中首次明确界定了汽车行业重要数据的范围。

在保障安全的技术手段中，针对数据本身有加密存储、分级分类、数据脱敏、数据去标识等方法。数据交易、流通则涉及一些隐私计算的技术，如秘密共享、同态加密、差分隐私、联邦学习等手段。具体的技术与安全问题在第四章已经进行了较为详尽的讨论，本部分不再赘述。

综合来看，目前数据交易领域常见的数据与数据产品主要涉及可公开的、较低安全层级的数据，其能够挖掘的价值有限。由于安全等级较高的数据蕴含大量价值，其正逐渐成为新一代数据交易所关注的重点交易对象。国务院办公厅印发的《要素市场化配置综合改革试点总体方案》中也提出了探索“原始数据不出域、数据可用不可见”的交易范式，在保护个人隐私和确保数据安全的前提下，分类分级、分步有序推动部分领域数据流通应用。

在数据分级分类和数据安全制度尚不完善的背景下，部分数据交易的场景的确含有风险，但在实践中不断摸索前进仍应是数据交易的主旋律。在我国数据交易所主导的数据交易下，针对数据安全问题，可以采取许可准入制度，即只允许达到一定个人信息保护水准的企业参与数据交易。这样既能控制数据交易的安全风险，在可控风险下对交易进行案例实证研究，又能促进理论上的探索。

二、数据交易行业现状

（一）数据交易模式

从数据的生命周期来看,数据被采集和整理,经过合规合法审查、资产化或资本化后成为可以交易的资产,即可进入交易环节。(见图 5-1)

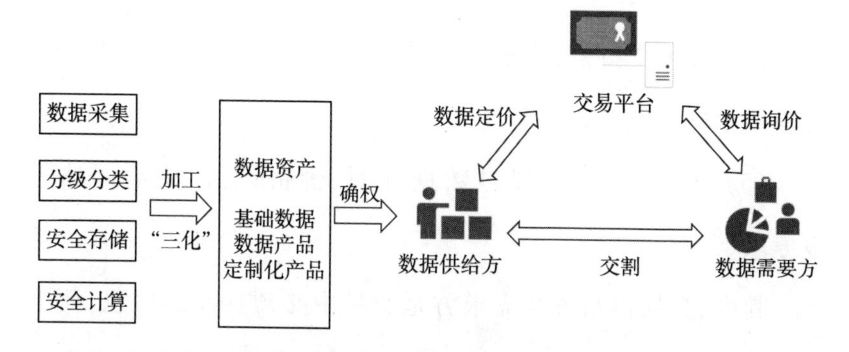

图 5-1　数据交易平台的一般流程

经过“三化”处理后,交易的数据产品类型包括:

(1) 基础数据:主要是指基础数据库或以 API 方式访问的数据;

(2) 数据产品(服务):主要是基础数据经过分析或挖掘后形成的结果,如用户画像、信用评估等需求广泛的标准化产品,通常是报告或以反馈分值的形式呈现;

(3) 定制化产品(服务):这是非标准化产品,需在已有数据或产品的基础上再开发。

数据产品价值评估主要依据的是中国资产评估协会在2019年12月印发的《资产评估专家指引第9号——数据资产评估》。其中，成本法、市场法和收入法为目前主流的测算方法。

数据市场中存在多类参与者，主要类别有：

(1) 数据供给方：拥有具有使用价值的数据资产；

(2) 数据需求方：业务中需要外部数据来实现增值活动；

(3) 交易平台：负责数据交易的最终认证，包括交易主体认证、交割认证等；

(4) 技术支持商：为数据产品提供开发、存储、交割、去隐私化等技术支持服务；

(5) 中介服务商：提供数据寻源、价格评估、技术评估等服务。

其中，数据供给方与需求方是交易中必须存在的角色，而平台、技术支持商、中介服务商则不是交易中所必需的。由于平台是比较特殊的角色，起到第三方撮合交易达成的作用，故可以将数据交易大致分为两类：交易平台模式和非交易平台模式。

1. 交易平台模式

交易平台模式即平台参与到交易中，技术支持商与中介服务商的加入也会改变交易的模式与场景，具体分为三方、四方、五方交易。

(1) 三方交易涉及数据供给方、数据需求方、交易平台。(见图5-2)

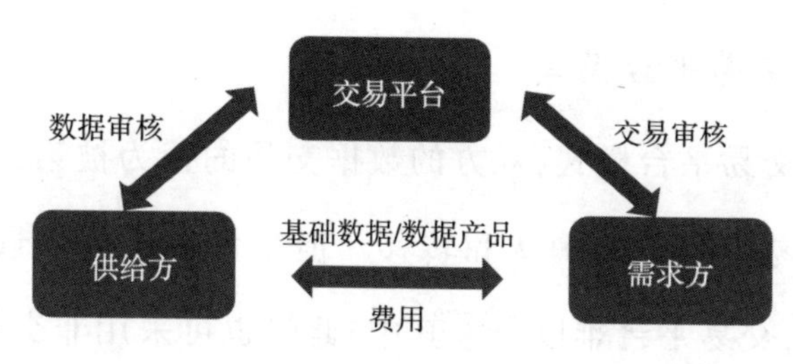

图 5-2　三方交易模式

(2) 四方交易涉及数据供给方、数据需求方、交易平台、技术支持商。(见图 5-3)

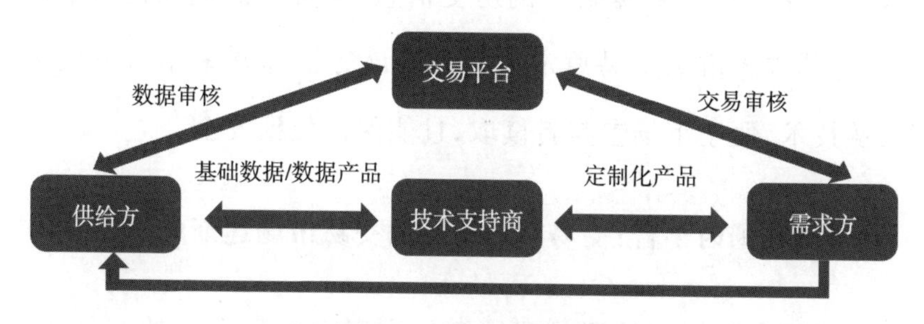

图 5-3　四方交易模式

(3) 五方交易涉及数据供给方、数据需求方、交易平台、技术支持商、中介服务商。(见图 5-4)

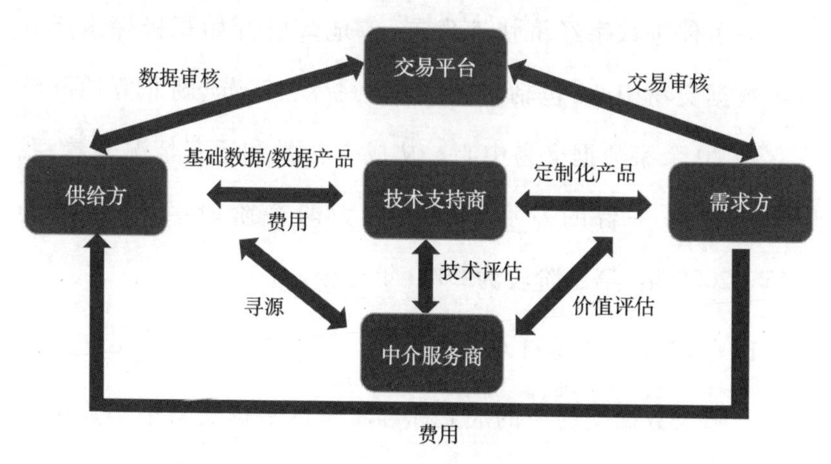

图 5-4　五方交易模式

2. 非交易平台模式

通过交易平台模式，双方的数据交易的行为被第三方记录，有利于交易中权属的确认和转移。但是仍有部分场景、特殊类型的数据，交易平台难以介入其中，此时也可采用非交易平台模式进行交易。由于缺乏第三方的监督，数据资产凭证在其中起到了重要作用。数据资产凭证是数据资产的“身份证”和“档案袋”，记录了一份数据资产的历史信息，为资产的流动提供了依据，为其进入市场交易奠定了基础。该凭证通常采用新一代区块链技术，便于市场参与者读取，且能保证数据安全。

（二）国内平台：交易平台引导的交易市场逐渐成熟

贵阳大数据交易所是我国第一家以大数据命名的交易所，于 2015 年 4 月正式挂牌运营，数据交易平台快速发展的序幕正式拉开。

为了促进数字经济快速发展，各地政府开始积极探索成立各类数据交易中心，包括贵州、上海、浙江、江苏、湖北等地陆续成立了 20 余家数据交易中心。从成立背景和运营情况来看，我国数据交易平台的发展历程可分为两个阶段：第一阶段为 2015—2020 年，第二阶段为 2020 年至今。

1. 数据交易平台 1.0 阶段

贵阳大数据交易所的成立标志着全国数据交易中心建设正式进入 1.0 阶段。交易平台虽然作为中介撮合供需双方的数据交易,但并不介入具体的数据交易活动。根据主体建设模式,交易平台可划分为政府主导和公司主导两大类。上海数据交易中心、贵阳大数据交易所、浙江大数据交易中心、华东江苏大数据交易中心、华中大数据交易所等都是由政府主导的;而公司主导的数据交易平台有京东万象、发源地、聚合数据、数据堂、数据宝、数多多等。(见表 5-2)

上述数据交易平台的数据来源包括:数据供给方提供的数据、网络爬虫、政府公开数据等。交易平台的产品类型有 API、数据包、解决方案、数据产品、云服务等。数据交易平台 1.0 阶段的探索与实践具有重要意义,填补了我国在数据要素市场上的空白。但不可否认的是,处于 1.0 阶段的传统数据交易平台存在不少问题,可能的原因包括:

第一,为数据交易双方提供的增值服务有限。交易平台较少提供数据属性信息之外的有价值的增值服务。数据买卖双方仅通过数据交易所获知数据属性信息,通常会进一步选择双方直接交易,而不是通过交易所签订交易合同。

第二,缺乏数据交易安全合规保障。交易平台较少为数据交易双方提供安全合规的保障制度和技术手段。双方出现的数据交易纠纷、安全方面等问题较难通过交易所解决。在数据交易早期,我国数据相关法律法规还不健全,解决纠纷能力不足。在《网络安全法》《数据安全法》《个人信息保护法》等出台之前,数据作为生产要素难以实现有效流通。

表 5-2 全国主要数据交易中心 1.0 阶段情况

地区	平台名称	交易所性质	主要领域	交易类型	产品类型	数据来源
广东	南方大数据交易中心	有限公司	政府、经济	综合数据服务平台	API;数据包	政府公开数据;数据供应方提供的数据
浙江	浙江大数据交易中心	其他有限责任公司	交通、通信、商业	综合数据服务平台	数据分析;数据存储;分布式计算;大数据安全	政府公开数据;数据供应方提供的数据
贵州	贵州数据宝网络科技有限公司	其他有限责任公司	经济、法律、交通、通信、商业	综合数据服务平台	API;解决方案	政府公开数据;数据供应方提供的数据
陕西	陕西西咸新区大数据交易所	其他有限责任公司	政府、经济、人文、交通	综合数据服务平台	API;数据包	政府公开数据;企业内部数据;数据供应方提供的数据;网页爬虫数据
上海	上海数据交易中心	有限责任公司	政府、经济、人文、交通、商业	第三方数据交易平台	数据包	数据供应方提供的数据
湖北	华中大数据交易所	股份有限公司	经济、教育、环境、医疗、交通、通信、农业	第三方数据交易平台	API;数据包	数据供应方提供的数据

（续表）

地区	平台名称	交易所性质	主要领域	交易类型	产品类型	数据来源
江苏	华东江苏大数据交易中心	股份有限公司（非上市）	政府、教育、法律、医疗、人文、商业	综合数据服务平台	API;数据;数据定制服务;解决方案;数据产品	政府公开数据;数据供应方提供的数据;网页爬虫数据
上海	发源地（连源信息科技）	有限责任公司	经济、教育、医疗、人文、交通、商业	第三方数据交易平台	API;数据包;采集规则	数据供应方提供的数据
湖北	东湖大数据交易中心	股份有限公司	政府、经济、环境、法律、医疗、人文、交通	综合数据服务平台	数据包;解决方案;云服务	政府公开数据;企业内部数据
贵州	贵阳大数据交易所	有限责任公司（国有控股）	政府、经济、教育、环境、法律、医疗、交通、商业、工业	综合数据服务平台	API;数据包	政府公开数据;企业内部数据;网页爬虫数据
广东	数多多	有限责任公司（港澳台投资）	经济、教育、人文、商业	综合数据服务平台	数据包;数据定制服务	网页爬虫数据

（续表）

地区	平台名称	交易所性质	主要领域	交易类型	产品类型	数据来源
北京	数据堂	股份有限公司	环境、地理、人文、交通	综合数据服务平台	数据包；数据定制服务；数据产品	政府公开数据；企业内部数据；数据供应方提供的数据；网页爬虫数据
江苏	聚合数据（天地聚合）	股份有限公司	经济、人文、地理、交通、人工智能	综合数据服务平台	API；数据定制服务；解决方案；数据产品	企业内部数据；网页爬虫数据；互联网开放数据
北京	京东万象	有限责任公司	经济、人文、交通、人工智能、商业	综合数据服务平台	API；数据包；数据定制服务；解决方案；数据产品	企业内部数据；数据供应方提供的数据；合作伙伴数据

资料来源：王卫，张梦君，王晶.国内外大数据交易平台调研分析[J].情报杂志，2019，38(2)：181-186.（有增删）

第三,数据资源供应不足且缺乏特色。交易平台可供交易的数据不多,成功案例较少。其中,作为重要数据来源的政务数据和公共数据在当时仍处于数据孤岛状态,导致数据更新不及时、数据质量不高等诸多问题,因此对外开放和提供交易的进度缓慢,一定程度上制约了数据交易的整体规模。

2. 数据交易平台 2.0 阶段

2020 年 4 月,《关于构建更加完善的要素市场化配置体制机制的意见》的发布标志着全国数据交易平台建设进入 2.0 阶段,其中以北京国际大数据交易所、上海数据交易所的成立为主要代表。数据交易平台 2.0 是在目前的发展环境下,在吸收以往 1.0 阶段经验的基础上做出的模式探索,是目前国内数据交易平台发展的方向。

(1) 北京国际大数据交易所

2021 年 3 月 31 日,北京国际大数据交易所成立。北京国际大数据交易所是中国第一家以“数据可用不可见,用途可控可计量”为交易范式的交易所,定位是“国内领先的数据交易基础设施和国际重要的数据跨境流通枢纽”。

该交易所的特色在于采取合规准入、分级分类的现代交易所模式,并且利用综合数据技术,努力探索创新交易模式。交易所的 IDeX 系统是国内首个依托多方计算、隐私计算、区块链及智能合约、数据确权标识、测试沙盒等领域的技术优势,实现“数据可用不可见,用途可控可计量”的新型数据交易系统。同时,联合数据供应商、数据应用商、数据技术服务商、数据中介机构等构建了数据交易的完整生态。

为了规范双方的交易行为和保障权益，确保交易安全，逐步增加交易数量，北数所首创基于区块链的“数字交易合约”新模式。“数字交易合约”记录了参加交易的主体、提供服务的具体方式、服务报价、存证码、交割方式等基础细节信息，保障了交易安全。

（2）上海数据交易所

上海数据交易所于2021年11月25日揭牌成立，为推动数据要素流通、释放数字红利、促进数字经济发展提供了新平台。

上海数据交易所的定位是“国家级的交易所，配套有准公共服务机构的职能”。它在注册会员制度上进一步提出“数商”模式，为数商提供丰富的生态服务，包括评估、合规、凭证等入场服务，以及交易制度和规范方面的“数据登记交易模式”服务。具体而言，在数据挂牌交易之前，交易所给律所等机构发放第三方数据评估执照，对数据是否安全合规进行评估。通过合规审核后，按照统一登记的方法完成数据说明书，从多维度来描述数据特征及可能的用途。交易意向达成后，由双方认可的第三方机构提供交易过程的技术支撑，成功后由交易所提供交易凭证。同时，交易所与多家仲裁中心以及法律服务机构达成深度合作，为可能的交易纠纷提供解决机制。

（三）国际平台：数据社区促进市场发展

国外数据交易平台以企业为主导建立，数据来源包括数据提供方提供的数据、网页爬虫数据、政府公开数据、数据社区提供的数据以及传统方式线下收集的数据等。数据社区是指若干个社会群体或组织聚集在大数据领域内形成的一个相互关联、相互沟通的大集体。通过数据社区可以及时了解用户需求，更新数据。常见数据交易平台有 BDEX、Factual、Infochimps、Mashape、RapidAPI、Quandl、Data plaza、Azure、Qlik Data market、Snowflake Marketplace 等（见表 5-3），这些平台以企业自主建立为主。交易平台的产品类型有 API、数据包、解决方案、数据产品、云服务等，且不同平台针对不同领域数据，具有独有性、专业性等特点。此外，交易平台会对卖方数据进行筛选、分类等。

表 5-3　国外数据交易平台

交易平台名称	交易平台类型	交易平台的产品		
		数据来源	类型	产品领域
BDEX	第三方数据交易平台	数据供应方提供的数据	API；解决方案	教育、医疗、人文、地理、交通
Factual	综合数据服务平台	政府公开数据；网页爬虫数据；数据供应方提供的数据（包括数据社区提供的数据）	API；数据包；解决方案；数据产品	地理

（续表）

交易平台名称	交易平台类型	交易平台的产品		
		数据来源	类型	产品领域
Infochimps	综合数据服务平台	企业内部数据；数据供应方提供的数据；网页爬虫数据	API；解决方案；云服务	经济、医疗、人文、通信、商业
Mashape	第三方数据交易平台	数据供应方提供的数据（包括数据社区提供的数据）	API	经济、教育、医疗、人文、地理、通信、商业
RapidAPI	第三方数据交易平台	数据供应方提供的数据	API	经济、教育、医疗、地理、商业
Quandl	第三方数据交易平台	数据供应方提供的数据（包括数据社区提供的数据）	API；数据包	经济
Data plaza	第三方数据交易平台	数据供应方提供的数据	数据包	人文、交通、通信、工业
Azure	第三方数据交易平台	数据供应方提供的数据	API；数据包	经济、教育、环境、人文
Qlik Data market	综合数据服务平台	数据供应方提供的数据；网页爬虫数据；传统方式线下收集的数据	数据包	经济、商业、人文
Snowflake Market-place	第三方数据交易平台	数据供应方提供的数据	API、数据包	公共卫生、天气、位置、人口统计等16类

资料来源：王卫，张梦君，王晶.国内外大数据交易平台调研分析[J].情报杂志，2019，38(2)：181-186.（有增删）

这里重点介绍两个数据交易平台：

（1）BDEX

BDEX 拥有超过 100 家数据合作商，在通过隐私及安全审查后，可以为客户提供超过 5500 个数据分类（Data Categories），数据量包括 13 亿 email 信息，8 亿 email 与手机 ID 绑定信息，3 亿邮箱信息。例如，BDEX 的数据能够帮助 B2C 销售公司深度了解消费者的行为和意图，提高公司市场推广活动的准确度。需求方在寻找数据产品时，先选择用户类型（移动、电子邮件等），然后可以从近 500 个不同的行业中选择数据集，同时可以根据显示的数据价格（最小、最大、均值）对数据进行筛选，去除质量不高的数据，以满足高质量的数据需求。

BDEX 在数据交易中关于数据权属的思路为"一次购买，永久使用，禁止转售"，具体价格主要由销售经理与客户商议形成。

（2）Snowflake Marketplace

截止到 2022 年 7 月，Snowflake Marketplace 可以为数据科学家、商业智能和分析专业人士以及所有需要数据驱动决策的人，提供访问来自 260 多个第三方数据供给商和数据服务提供商的 1300 多个实时和可随时查询的数据集的服务。需求方客户可以安全地访问实时、受管控的共享数据集，并实时接收该数据的自动更新。例如，该平台上某金融数据供应商，可以提供基于气候情景的分析，来检查可持续性法律、法规、政策、技术和能源转型对能源需求、组合和定价的预期影响，以及对个股的预测影响，并提供10年内的历史数据，这些数据涵盖了全球85%的可投资股票组合。

Snowflake Marketplace 作为数据交易平台，主要为数据产品提供存储、传输、安全等技术服务并对此收费，它并不拥有数据产品，数据产品权属在供给方，具体价格由供给方根据成本、收益及市场信息等综合确定。

（四）非交易平台模式：数据资产凭证保障交易安全

当前的新形势下，各地各行业也在不断探索和升级数据交易模式。广东省出台的公共数据资产凭证、浙江省出台的个人数据云资产凭证和数据质押，为数据交易和数据利用开拓了新模式，提升了社会对数据交易的关注度和认知度。

1. 公共数据资产凭证

广东省尝试使用公共数据资产凭证[①]，在珠海、佛山、江门等地市的相关业务场景中开展公共数据资产凭证试点，其中企业信贷（“电费贷”）对于公共数据资产化管理具有重要探索意义。其实践如下：2021年10月，广东一家制造企业以一定时期内的用电数据向银行申请融资贷款，数据成为申请贷款的条件。作为数据来源的电网公司，需要保证数据的质量与真实性。在银行监督方面，银行需要确定数据的质量，因此在取得制造企业授

① 广东发放全国首张公共数据资产凭证[EB/OL].(2021-10-17)[2022-07-17]. http://www.gd.gov.cn/gdywdt/gdyw/content/post_3578352.html.

权的前提下，通过电网公司申请获取用电数据，根据数据对申请信贷企业进行企业画像、贷款利率核定、信用额度审核、贷后风控监管。广东省政务服务数据管理局使用区块链技术为公共数据资产凭证提供技术支撑，确保企业与平台合规、数据使用安全、贷款产品正规。

2. 个人数据资产云凭证

2021年10月，全国首张“个人数据资产云凭证”在浙江省温州市诞生，一名电商创业者通过个人数据资产云凭证获得50万元个人信用贷款。“个人数据资产云凭证”[①]记载了每一份数据资产及其所有人的历史相关信息，包含个人的不动产权、婚姻状况、个人社保参保、公积金缴存、户口登记、不动产抵押等。通过不断记载数据资产的流动状况，形成可供审查的凭据，有效破解授信核查难等问题，提高了银行审批效率，并大幅降低了银行尽调成本。

“个人数据资产云凭证”由温州市大数据发展管理局签发，用户登录手机银行提交个人信用贷款申请，在银行短信提供的授权链接中刷脸验证进入温州市大数据管理局“个人数据管家”授权页面，同意授权后就会自动生成“个人数据资产云凭证”，并上传到“温州市公共数据区块链”平台。银行通过区块链数据标识获取凭证，根据用户的数据资产情况迅速发放贷款。

---

① 胡炎桢，王若江.浙江温州发出首张“个人数据资产云凭证”[EB/OL].(2021-10-21)[2022-07-12].http://zj.news.cn/2021-10/21/c_1127981864.htm.

3. 数据质押

数据质押[①]通过对接银行、担保机构、数据公司等多方主体，利用大数据、区块链等技术手段，采集企业生产、经营链上的各类数据，由区块链存证平台发放存证证书，将数据转变成可量化的数字资产。

2021年，浙江省上线了全国首个知识产权区块链公共存证平台——浙江省知识产权区块链公共存证平台。以浙江某科技公司从可穿戴产品分析得到的沉浸式儿童注意力缺陷与多动障碍测评数据为例，经企业自行脱敏，省大数据交易中心进行安全加密后存至“浙江省知识产权区块链公共存证平台”，计划许可用于儿童多动症干预治疗项目。公司通过杭州一家融资担保公司增信后，获得银行授信100万元。

（五）数据交易行业发展难点

1. 供给侧：数据产品数量与种类仍然不足

基于对数据价值评估不清晰、安全风险以及商业风险等的考虑，目前交易平台上可供交易的数据产品数量和种类有限。为保护个人数据隐私以及满足数据安全法律法规的要求，数据供应商对原始数据文件供应较少，大多是不涉及数据安全法以

① 孟娇，郑闻呈.数据资产“变现”，授信100万元！全国首单基于区块链数据知识产权质押落地滨江[EB/OL].(2021-09-09)［2022-07-24］.https://baijiahao.baidu.com/s? id=1710400714852503172&wfr=spider&for=pc.

及个人隐私保护等的行业数据。数据安全保障措施不足,数据供给方对数据定价不了解,担心自己的独家数据被商业对手获取等,导致大量有价值的数据没有成为可交易的资产,因此能够实现最终交易的数据产品数量和种类较为有限。这些都对以隐私计算、区块链等为核心的交易平台安全技术提出了很高的要求。

2. 需求侧:数据质量与成本要求较高

数据需求方为满足自身业务需要,达成数据应用的价值目标,通常要集成多种类型或多个行业的数据,因而必须对接大量的数据供应方,导致寻找高质量的数据产品来源的时间较多、成本较高。比如,普惠金融和农业信贷担保业务中,取得客户的税务、用电、公积金、医保等数据对降低风险有很大帮助,但往往需要和多个部门或组织协商谈判,在技术上还要将不同格式、形式的数据进行统一规范,导致数据利用的效果和时效性不佳且成本高,亟须交易平台提供全面的数据产品目录和一站式的数据增值服务。

3. 交易过程:监督与纠纷处理机制尚不成熟

数据的特性使得需求方只有获得数据产品之后才能验证数据质量,因此,交易各方对数据的质量与价值容易产生纠纷。目前,数据供给方在处理数据交易纠纷时,主要依赖企业内部的法务部门。法务部门全程参与数据交易过程,以合规审查、合同规避条款等手段避免交易的法律纠纷,重点关注法律性、合规性等风险防控。对于在数据服务过程中，可能因数据质量、数据服务成效、数据权属、服务系统故障等产生的纠纷问题，目前我国尚未形成有效的处理机制，使得大量数据交易中潜在的纠纷问题未得到充分的申诉和解决。由此，部分数据需求方对数据产品体验较差，数据服务中途或产品合同到期后即终止数据的持续交易，阻碍了数据交易的进一步发展。

4. 交易成果：通过正规交易平台完成交易的比例不高

全国数据交易市场仍处于探索和培育阶段，尚未形成全国性或区域性的具有推广可能的数据交易中心模式。传统的数据交易平台由于缺乏完善的安全技术、监管制度、市场推广手段和政策指导，逐渐变成数据信息集散地和渠道商之一，尚未成为数据交易行业的核心驱动力量。

此外，由于数据交易以及数据安全相关法律法规不完善，部分不符合安全和隐私要求的数据在一些灰色地带进行交易。这些不合法的数据产品，由于能产生高于合法产品的商业价值，对正规交易平台的交易需求会有一定影响。同时，灰色地带的存在，导致人民群众的隐私信息不断被泄露，也引发了广泛的安全担忧。国务院印发的《"十四五"数字经济发展规划》中提到要"严厉打击数据黑市交易，营造安全有序的市场环境"；发改委等部门联合印发的《关于推动平台经济规范健康持续发展的若干意见》中也提到要"依法依规打击黑市数据交易"。未来通过正规交易平台进行数据交易将逐渐成为主流。

三、数据交易行业展望

随着国家法律法规的不断完善,大数据、区块链、隐私计算等应用技术的不断发展,数据交易在合规合法、安全可控等方面得到的制度和技术支撑将日趋完善。

由于数据价值对供需双方而言存在信息不对称,需求侧重视数据价值的明确可得,在特定领域开展针对性的数据合作是未来的潮流;供给侧更为重视数据衍生的收集、整合、挖掘工作,将数据的衍生产品——数据服务投放市场,使数据的价值更为明晰。从数据交易发展的现状来看,基于交易平台的数据交易仍是未来发展的趋势,前沿数据交易平台理论的不断发展能让数据交易产生更多的"落地"模式。

(一)理论上推进技术与机制设计

1. 数据科学

作为新型生产要素,数据在资源化和资产化的过程中,其存储、传输形式与传统生产要素差异较大,在应用、监督和管理上有难度。一方面,个人、企业、政府等主体的数字化转型,需要管理好、使用好数据,使数据发挥更大的价值;另一方面,数据交易的有序进行依赖于技术上能对交易双方进行有效监督,确保交易的公平,并在交易纠纷发生时进行调查和处理。

数据在应用过程中的标准化、标签化、模型化均是前沿数据科学研究的应用阵地，能够为数据交易夯实基础。在数据标准化方面，通过数据含义、逻辑关系、数据特征等维度利用算法取得的标准化数据，可以实现数据交易时输入输出的标准化，便于交易过程中的合规验证，降低了数据交易体系的维护成本。

数据标签化能在数据之间建立有机的联系，自动建立概念数据模型。利用前沿机器学习技术可以建立数据标签间的概念图谱，结合特征的识别，为不同数据分配主题类别，使数据标签化。与此同时，丰富数据表间的关系也能大大降低逆数据搜集与匹配的人力成本，便于交易市场参与者对市场中的数据产品进行快速检索。

数据模型化是通过人工智能算法将数据提炼成机器学习模型，反映出更为基础的知识信息，能够明晰数据隐含的逻辑链条，将知识直接置于市场之中，丰富了数据市场，为进一步评价数据质量与价值提供了思路。

2. 数据定价及价值分配机制

数据交易模式受到市场中参与各方角色的影响，国内外学者也为不同模式建立了模型，以探索可能的数据交易模式。在众多数据市场及数据交易平台模型中，三方交易是最为典型、最为基本的一种。数据供给方将数据产品或服务通过交易平台上架并完成定价，吸引需求方购买，平台确保交易真实完成后，按约定规则将价值收益分配给数据供给方，并收取一定费用。

在平台模型中，定价机制与价值分配机制（多来源数据）是影响模型的核心要素,对模型的均衡状态起到决定性作用。

数据价值的分配机制主要针对数据供给侧,有效的激励手段能吸引更多的数据供给方进入市场,因此平台需要将数据交易的收益公平地分配给各供给方。目前,交易平台中的利润分配方式主要采用协议分配、按贡献分配(沙普利值法)、按质量分配等。随着数据权属的逐渐明晰,数据价值的利益方会逐渐增多。例如,以往数据的所有权和使用权往往是一致的,随着数据交易的活跃,数据的所有权和使用权可能会分别交易,利益方也随之增多,因此数据价值的分配机制和模型将日益重要。

(二)实践中改善政策与市场环境

1. 政策环境

当前,加快培育数据要素市场,推进政府数据开放共享,提升社会数据资源价值正成为行业共识。相关部门出台了支持数据交易平台建设和规范市场行为的法律法规和政策,在促进数据价值实现和市场公平竞争方面做了不少工作,为数据交易行业的发展提供了有力保障。

在国家层级上,2021年施行的《数据安全法》第十九条规定“国家建立健全数据交易管理制度,规范数据交易行为,培育数据交易市场”,这是我国首次在国家法律层面涉及数据交易制度。2022年印发的《“十四五”数字经济发展规划》中提出到2025年,数字经济核心产业增加值占国内生产总值比重达到10%,数据要素市场体系初步建立;在“专栏3 数据要素市场培育试点工程”中专门提到要培育发展数据交易平台，发展包含数据资产评估、登记结算、交易撮合、争议仲裁等的运营体系，健全数据交易平台报价、询价、竞价和定价机制。

在地方层级上，2022 年开始实施的《深圳经济特区数据条例》提出：(1) 建立健全数据治理制度和标准体系，支持数据相关行业组织制定团体标准和行业规范，鼓励市场主体制定数据相关企业标准，参与制定相关地方标准和团体标准。(2) 推动数据质量评估认证和数据价值评估。(3) 探索建立数据生产要素统计核算制度，准确反映数据生产要素的资产价值，推动将数据生产要素纳入国民经济核算体系。(4) 允许市场主体通过依法设立的数据交易平台进行数据交易或者由交易双方依法自行交易。

因此，从政策环境来看，目前的法律法规等制度是有助于数据交易行业健康有序长远发展的。

2. 市场趋势

结合国内数据交易平台的发展现状，数据服务与特定领域交易是未来趋势的方向。

对于数据供给侧，数据的隐私及安全风险、价值不明晰均会导致交易难以达成，因此降低隐私及安全风险、丰富数据产品价值是供给侧的发展趋势。在数据要素市场逐步完善的过程中，交易产品将由单一数据源向多数据源的融合数据转变，从一次性基础数据的类商品化交易向提供场景化的、持续性的数据解决方案服务转变。交易平台作为第三方可以提供数据存储、清洗、建模、分析、价值评估等服务,与供给方一起将自身的数据能力融入交易,为需求方提供持续性的数据与分析产品或服务。交易产品也从含有大量隐私的原始数据向低隐私风险的数据分析报告、利用数据训练的机器学习模型等数据衍生产品和服务的方向转变。这种由数据所有权交易向数据使用权、数据分析结果或服务所有权、数据分析模型所有权交易发展的趋势,可以降低数据权属这一敏感因素所造成的法律风险。

而对于需求侧,由于数据结构复杂,来自同一数据源的数据也存在价值、质量的差别,并且单一的数据点难以带来价值,更大的数据价值的实现往往需要更多数据的聚合。这些特性让大部分数据需求方难以看清数据对己方的价值。通常,需求方对本行业的数据更为熟悉,数据对己方的价值较为明确,交易双方对数据的认知比较一致,统一的数据标准规范也更容易形成,因此往往在需求方较为集中的某一特定领域更易达成数据交易。例如,地理时空数据可以在疫情防治、突发事件处理、保险服务、营销活动等领域产生较大的数据价值,交易的需求往往也较大。

3. 技术保障

随着数据交易安全要求的日益严格,安全合规的运营保障体系势在必行。一是保证数据产品和服务的内容要符合国家相关法律法规的要求。二是开发应用数据确权相关技术,例如区块链技术等,以较好实现数据来源追溯、交易存证和利益的公平分配，保证交易全流程的真实有效。三是加快制定和完善数据权属、交易、安全等方面的标准和规章制度，从制度上确保没有漏洞和灰色地带。四是把隐私保护作为技术保障体系的核心要求，确立“数据可用不可见”“数据不动模型动”等模式，确保数据交易的可靠安全。隐私计算技术可在数据提供方不泄露敏感数据的前提下，对数据进行分析计算并验证计算结果，保证在各个环节中数据可用不可见，实现数据在隐私要求下的安全流通。目前的主流技术包括不经意传输、秘密共享、同态加密、差分隐私、联邦学习、可信执行环境等。

（三）数据交易理论与实践是建设数字经济现代市场体系的重要支撑

1. 数据交易能够有效实现效率倍增

数据价值的释放是以实际应用需求为导向的，数字经济的快速发展，必然使得各行各业产生海量的数据，如果数据仅仅限制在本组织或行业，其价值也会受到限制。如果能够在合法合规的情况下，实现不同组织或行业之间的数据交易流通，将会使数据价值得到多次释放，能够带动整个产业链的效率成倍提升。例如，当前各地的一体化政务服务系统，“一网通办”“最多跑一次”等服务管理新模式，让广大群众体验到政府服务的快速和高效。电力、银行等行业间的数据交易流通对提升普惠金融业务的准确性和安全性也有很大帮助。

2. 数据交易能够为数字经济的高质量发展提供有力支撑

数字经济是继农业经济、工业经济之后的主要经济形态。《“十四五”数字经济发展规划》中提出了具体目标，即到2025年，数字经济核心产业增加值占国内生产总值比重达到10%。在中国经济由高速增长转向高质量发展的过程中，数字经济将提供强大动力。数字经济的关键要素之一就是数据要素，充分实现数据的价值，离不开交易环节，由此可以促进数据在生产、分配、流通、利用各环节的创新发展，加快实现数字技术在不同产业中的广泛应用，推动传统产业迈向智能化、高端化和绿色化，从而助力我国经济的高质量发展。

3. 数据交易行业各方要协同发展及创新

总体来看，数据交易目前仍是处于探索中的领域，“理论持续完善，实践可以先行”是行业发展的一种常态。理论模型与监管制度和保障技术是相辅相成的，好的数据交易模型要落地，离不开完善的监管制度和成熟先进的技术，这样才能最终实现数据交易行业的健康有序发展。

对于行业管理者，要继续结合实践，不断完善法律法规，创新机制和模式，严格监管，从制度方面为数据交易行业健康有序长远发展提供保障。在遵守各项法律法规的基础上，市场参与者采用科学有效的安全技术手段，确保市场需求能够合规合法地得到满足，实现数据价值的有效释放和效率倍增，它们是行业创新的主体。对于研究者，要对数据交易的新模式和新机制加以研究，形成可以落地的数据交易模型。同时，针对行业关注的焦点，如数据权属、价值分配等，要结合实际情况加以分析，既要避免过于苛刻的隐私保护导致数据价值的埋没，也要避免不完善的安全要求导致个人信息的滥用。数据交易行业的管理者、参与者、研究者协同发展，将最终形成中国特色的数据交易理论。

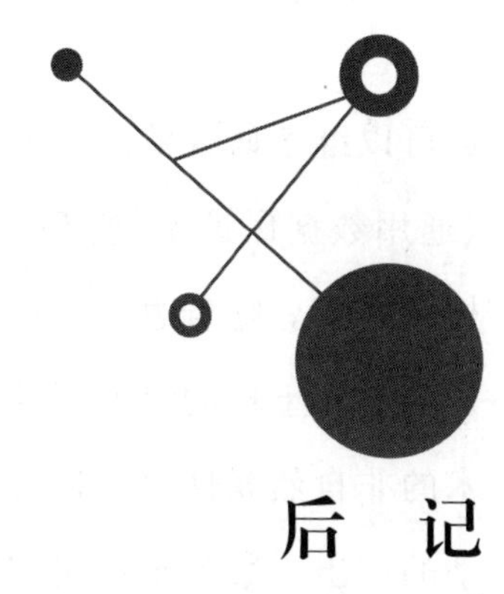

后　记

将数据作为生产要素，在社会科学领域是一件新鲜事。2017年12月，习近平总书记强调要构建以数据为关键要素的数字经济。2019年10月，党的十九届四中全会提出把数据和劳动、资本、土地、知识、技术、管理并列为生产要素。2021年12月，国务院印发了《"十四五"数字经济发展规划》，强调要充分发挥数据要素作用。可是对数据何以作为生产要素，该如何充分发挥数据作为生产要素的价值，学术界知之甚少。

自互联网进入社会化应用以来，数据在经济发展中的生产要素特性不断呈现。搜索引擎运用用户搜索数据开发广告商业模式，电商平台运用买家和卖家数据开发买卖匹配模式和商品推广模式等，都是对数据要素特性的运用。随着数据积累，以数据作为生产要素的生产实践精彩纷呈，数字经济正是在此过程中发展起来的。世界上的两大经济体——中国和美国，均已进入数字经济的飞跃阶段，数据作为生产要素的价值正日益彰显。

遗憾的是，学术界对数据作为生产要素的基本问题尚缺乏系统探讨。2020年，我们尝试将学术界的讨论进行整理，以期形成可以继续研究的起点或基础。2018年5月25日，欧盟出台的《通用数据保护条例》（GDPR）给了我们思考的起点，即从数据权属入手。随着思考和探讨的深入，我们发现，数据作为物质，与劳动和土地的自然属性不同，它不是自然存在的；与资本和技术的非自然属性也不同，它不完全是有组织或有目标的生产活动的产出。数据生产更多是社会互动的结果，且不一定是因生产目标而互动的结果。也因此，我们难以像对待其他生产要素那样界定其权属，针对数据权属的探讨还有相当长一段路要走。

循着界定数据权属遇到的困境，我们将思路拓展至实践，试图探索数据作为生产要素在实践中面对的议题，认为数据的信息、权属、价值、安全、交易等五个方面是其作为生产要素来推动数字经济发展的重要议题。为什么选择这五个议题，我们在导论中进行了说明，这里不再赘述。需要说明的是，五个议题并非同时出现在思考中。我们最初试图直接从数据权属出发，讨论数据价值和数据安全。可在探讨中却发现，没有对数据基本属性即信息属性的探讨，便缺乏立论的基础；没有对数据目标属性的讨论，便失去了论述的焦点。为此，我们增加了数据信息和数据交易两个议题。也形成了一个论述逻辑，从数据基本属性即信息入手，汇集对权属的认识，引出对权属的主张与数据价值密切相关；如果数据没有价值，对权属的主张也就失去了意义；而要保障数据的价值和对数据权属的主张，数据安全是必要且必需的；保障数据安全的目的不是囤积数据，而是为了充分挖掘数据价值，推动经济发展；要实现数据的价值，必须让数据进入市场，数据交易是实现数据价值的必然路径。为此，我们将“信息—权属—价值—安全—交易”等相互关联的逻辑链条布局为五个篇章，对相关问题进行探讨。

需要申明的是，本书是一部汇集对数据要素认识的编著作品。其中，有我们的独立思考和观点，也借鉴了既有研究的观点。我们试图实现的是，将既有对数据作为生产要素的思考按照我们建构的理论逻辑进行汇集、重构，并呈现我们的思考。书中凡涉及既有观点的引用，均按照学术规范进行了标注。

本书是集体努力的成果，也是跨学科合作的成果。张平文和邱泽奇提出并修订了本书的论述框架和每一章的要点，撰写了导论；赵越、王衍之、宋洁撰写了第一章“数据信息”；王融、张蕴洁撰写了第二章“数据权属”；宋洁、赵越、艾秋媛撰写了第三章“数据价值”；徐克付、刘洋撰写了第四章“数据安全”；宋洁、赵越、王娟、王世东撰写了第五章“数据交易”。在各篇章完成后，张平文和邱泽奇进行了统稿，张蕴洁汇集各章成书，对书稿的体例、表述、文献、内容等依照论述框架进行了系统整理和修订，刘芊妤参与了书稿的内容校对和参考文献整理以及部分案例的文字压缩与修订工作。

参与本书相关工作的人员来自不同学科和不同机构，依照篇章顺序，兹述如下：

张平文，北京大学数学科学学院，大数据分析与应用技术国家工程实验室；

邱泽奇，北京大学社会学系，北京大学中国社会与发展研究中心，北京大学数字治理研究中心；

赵　越，北京大学工学院；

王衍之,北京大学工学院；

宋　洁,北京大学工学院,大数据分析与应用技术国家工程实验室；

王　融,北京大学法学院；

张蕴洁,北京大学社会学系；

艾秋媛,北京大学工学院；

徐克付,大数据分析与应用技术国家工程实验室；

刘　洋,公安部第三研究所《信息网络安全》编辑部；

王　娟,大数据分析与应用技术国家工程实验室；

王世东,北京大学工学院；

刘芊妤,北京大学新闻与传播学院。

本书的出版得到了北京大学出版社的大力支持。多人参与的多学科著作为编辑和出版带来了巨大的工作量。出版社夏红卫书记亲自督导,武岳编辑对书稿进行了认真审核和编校,使本书得以顺利出版。谨此,我们代表作者对北京大学出版社的支持表示真诚感谢！

对于数据要素的探讨,本书实属抛砖引玉之作,我们真诚期待更优秀的作品出现,以推动数字经济的发展。

张平文　邱泽奇

2022年8月于燕园